| 世界教育名著译丛 |

Alfred Adler

[奥] 阿尔弗雷德·阿德勒 著　　彭正梅　彭莉莉 译

儿童的人格教育

上海人民出版社

出版说明

孩子的教育是我们生活中最重要的一个方面。我们的孩子是我们民族未来的希望,他们将创造历史。正确的教育是我们的幸福,而错误的教育是我们的痛苦和泪水,也是我们对社会和民族犯下的罪过。家庭教育、学校教育、社会教育对孩子的影响是深远并伴随其一生的。为了借鉴国外教育的历史经验,我社翻译出版世界教育名著译丛。

入选译丛的图书有三个标准,一是经时间和实践检验公认是家庭教育、学校教育、社会教育的名著;二是语言简明、确切、通俗,可读性强,易于理解和运用;三是适宜中等文化水准的父母、教师和有兴趣者阅读。

世上有一些人认为,自己的一生至少要把自己的孩子培养成一个有所作为的人;还有一些人认为,为我们的民族和人类培养一个有所作为的人胜过千万个庸庸碌碌的人。这套译丛奉献给他们一读。

欢迎读者给我们批评和建议,帮助我们把这套书出好。

上海人民出版社
2011 年 1 月

自卑而超越

——阿德勒的教育思想

我们的文化和国民大抵都有一种"自卑而超越"的心理。中国人都非常熟悉这样一段话:

> 舜发于畎亩之中,傅说举于版筑之间,胶鬲举于鱼盐之中,管夷吾举于士,孙叔敖举于海,百里奚举于市。故天将降大任于是人也,必先苦其心志,劳其筋骨,饿其体肤,空乏其身,行拂乱其所为,所以动心忍性,曾益其所不能。人恒过,然后能改。困于心,衡于虑,而后作。徵于色,发于声,而后喻。入则无法家拂士,出则无敌国外患者,国恒亡。然后知生于忧患,而死于安乐也。

这是《孟子·告子》中著名的"生于忧患、死于安乐"的观点。孟子又说,"人之有德慧术知者,恒存乎疾。独孤臣孽子,其操心也危,其虑患也深,故达。""君子有终生之忧,无一朝之患也"。

其实,类似的说法在我们的文化经典中俯拾皆是。《周易》说,

"易之兴也，其于中古乎？作易者，其有忧患乎？"司马迁曾对这种心理做过总结性表述，"盖西伯拘而演《周易》；仲尼厄而作《春秋》；屈原放逐，乃赋《离骚》；左丘失明，厥有《国语》；孙子膑脚，《兵法》修列；不韦迁蜀，世传《吕览》；韩非囚秦，《说难》、《孤愤》。《诗》三百篇，大氐贤圣发愤之所为作也。此人皆意有所郁结，不得通其道，故述往事，思来者。及如左丘明无目，孙子断足，终不可用，退论书策以舒其愤，思垂空文以自见。"而因为顶撞了皇上被受宫刑的司马迁，能隐忍苟活，终成"究天人之际，通古今之变，成一家之言"的《史记》，也是受同样的心理所感发，即"疾没世而文采不表于后也"。台湾的牟宗三先生指出："中国哲学之重道德性是根源于忧患的意识。中国人的忧患意识特别强烈，由此种忧患意识可以产生道德意识。忧患并非如杞人忧天之无聊，更非如患得患失之庸俗。只有小人才会长戚戚，君子永远是坦荡荡的。他所忧的不是财货权势的未足，而是德之未修与学之未讲。他的忧患，终生无已，而永在坦荡荡的胸怀中。"

实际上，这样一种因（预见）不完美、遭受逆境而愤然超越的忧患意识，是一种求优意识，一种追求"立功、立德、立言"以救世为群的意识。我发现，特别是近代以来，这种意识尤为强烈。我们的国歌《义勇军进行曲》，也充满了这种精神。每次听国歌的时候，我的心里都会涌起一种"自卑而超越"的豪迈情怀。以前看女排五连冠的时候，常常对她们越是落后越是奋勇的现象很不理解，直到我看《中庸》里说"君子之道，辟如行远必自迩，辟如登高必自卑"，才对这种心理有更深的认识。这样一种民族心理，深深地沉淀于我们的血脉之中。当老子说"江海所以能为百谷王者，以其善下之，故能为百谷王"时,也蕴涵着另一种"自卑而超越"的智慧。

　　这种"自卑而超越"心理对我们文化中重视教育和教育价值的传统产生了重要影响。它也是一种学习心理,即不自卑何以超越。一位中学物理教师曾向我讲述过他的教育感悟:有矛盾才有进步,只有把学生置于一种矛盾的境地,他才能进步。后来,我发现他的意思实际是说,只有让学生感到自卑,他才能追求超越。这对一个组织一个国家也一样,即只有感到自卑才能发展。

　　历史上率先对这种"自卑而超越"心理进行系统探索和论述的是奥地利心理学家阿德勒。

一、人性的理解

　　可能会有心理学专家对这个题目提出质疑,因为他们所熟知的阿德勒是心理学家,是个体心理学的创始人物,怎么会和教育联系在一起呢?

　　我们知道,教育学之所以成为科学就是要吸取心理学(和社会学)的研究成果,以之为基础,否则就是空谈。另一方面,心理学特别是个体心理学如果不追求教育的使命,而是沉溺于纯粹的心理学的研究,也是毫无意义的。实际上,教育关怀是阿德勒从事心理研究的一个动力,他对个体人格的关注,对教育极具启发或有直接影响。因为人格也是教育关注的核心。阿德勒指出,他的研究并不是以自身为目的,而是为了人类的利益。多年来,他的研究进入到教育学领域,并为这门学科的发展做出了贡献。我们可以从本书中强烈地感受到这一点,他不仅研究心理学,也写关于儿童教育的著作,还积极参与教育实践,并对奥地利的教育发展建言献策。

自然,阿德勒没有构建出体系化的教育哲学思想,也没有提出相应的课程论、教学论,但是由于其对人性和人的发展及其问题的深刻理解,的确为我们思考教育问题指出了一种基本方向,也就是一种教育哲学的方向。

教育学最基本的原则,或者说教育学的根基,就是对人性的理解。教育学的构建总是以一定的人性论为基础,否则便是无本之木,无源之泉,是个“无由头”的劳什子。因而,历来的教育总是自觉或不自觉地存在着人性论的假设。

在我国,有孟子的“人性善”观和荀子“人性恶”观(还有告子“人性无善恶”观)。孟子认为,人性本来是善的,如果不教育,则可能受到社会上不良思想的浸染而变坏,正所谓“人之初,性本善……苟不教,性乃迁。”荀子则认为,人性本恶。但必须有师法之化,礼义之导,然后才能“化性起伪”,合于礼法。不同的人性观需要不同的教育方法。人性若是善的,那么就需要加以引导;人性若是恶的,那么就需要加以惩戒。在西方则一直盛行着理性的人性假设。柏拉图(主义)和亚里士多德(主义)坚信人性由理性和感性组成。理性是人性的认知面,肉体是人性的感觉面。他们对肉体和理性的交互作用的解释或有不同,不论就其人的本性还是控制机能来说,他们都一致相信理性高于肉体。在经过了理性沉睡的中世纪之后,理性又在文艺复兴中被唤醒了。接下来的启蒙运动大力推崇人的理性,并试图建立理性的时代。康德指出:“启蒙运动就是人类从自己造成的未成年状态(unmuendigkeit)中走出来。未成年状态就是不经别人的引导,就不能独立地使用自己的理智(verstand)。……拿出勇气来(运用你自己的理智)！这就是启蒙运动的口号。"[1]这样,理性几乎成了西方人性论和教育的道统。

不过,随着19世纪非理性主义,特别是德国浪漫学派的兴起,理性的根本地位受到挑战。另一方面,进化论的兴起和传播也促使人从进化的观点看待人自身:人和动物具有某种连续性,人的构成元素与其周遭的自然界是一样的,人与其他活动的有机体生物并无本质差别,尽管人代表着进化过程中的最高阶段。所谓独特的理性不过是人与环境互动的结果,而且人性并非一成不变,而是处在不断的发展变化的状态中。在此基础上,弗洛伊德革命性地指出,人本质上是非理性的,欲望,特别是性,是人的行为的根本动力。在人格的三个组成部分即自我、超我和本我中,本我(欲望)更为根本。弗洛伊德甚至还以此把人生划分为口腔期、肛门期、性器期、潜伏期和两性期,弗洛伊德的性推动力一说影响巨大。阿德勒也被罗致门下,成为弗洛伊德的同事。但是,他慢慢认为,弗洛伊德过于强调了生物性与本能决定论。尽管阿德勒也认为个体的成长主要是受童年特别是人生前四五年的影响,不过,他认为人格是社会决定的,而非性决定的;人格的中心是意识而不是潜意识;个体行为的动力是自卑感而不是性。

阿德勒指出,人相对于动物是极度的无能,他没有尖爪利牙,无毛皮翅膀,几乎毫无进攻能力。人只能选择过社会生活。过社会生活是人的根本出路。人是社会的动物。这是人的宿命。他认可亚里士多德的观点,即人是社会的动物,脱离群体者,要么是神仙,要么就是怪物。个体生存无可逃避的三个基本问题,即人与他人的关系，与职业的关系，与异性的关系，都表明人是一个社会的存在。

在此基础上，阿德勒构建了自己的人性观。阿德勒的人性观包括六个方面，虚构目的论（fiktionaler finalismus），追求优越感（streben nach überlegenheit），自卑感和补偿（minderwertigkeitsgefühl & kompensation），社会兴趣（soziales interesse），生活风格（lebensstil），创造性自我（schöpferisches selbst）。这几个方面相互联系形成一个体系，阿德勒称之为个体心理学。所谓个体心理学，是把个体视为独特的一个整体，部分只有通过整体才能得到理解。整体人格内在于每个人的存在之中。每一个体代表了人格的整体性和统一性；同时每一个体又为其整体人格所塑造。每一个体既是一幅画作，又是画作的作者。个体是他自己人格的画作者。

阿德勒的人性观深受尼采，特别是尼采对人性的论述的影响。尼采非常重视意志和意向对个体及其社会生活的指导和推动作用。正是生命的冲动、冲力和创造力才促使个体冲破重重阻力，才使个体有所作为，成就一番事业。阿德勒接受了尼采的观点，即人生是由目的和意识牵引和指导。当阿德勒看到另一位德国哲学家瓦英格（Hans Vaihinger）1911年出版的《"虚构"的哲学》（*The Philosophy of "as if"*）时，他就将这个观点更为明晰和清楚地建构到自己的人性论之中。瓦英格认为，虚构的现实要比客观的现实对我们的现实生活影响更大。例如，个体对上帝和永生的信念促使他在广袤无垠的冰冷宇宙中寻求人生的目的。个体同样是被类似的虚构、不可证实的，甚至是非理性的目的所引导和指引，比如所谓的自由意志。阿德勒在 1912 年发表的《神经质人格》中（*The Neurotic Constitution*）指出，我们所有人在童年时期都无意识地发展了一种关于生活的信念，即虚构目的论。他认为，童年和成人都无意识地受到这种虚构目标的牵引。如果个体没有一个无时不在的目标来决定、推动、规定和指引，人就不可能进行思维、感觉、希望或梦想。生物体需要适应环境，对环境作出反应。除非我们有一个无时不在的目标，一个其本身由生命的动力所决定的目标，否则很难想象我们的精神会进化发展。

这个虚构的目的是什么呢？在阿德勒看来，这个虚构的目的就是追求人生的意义、追求优越性、超越、完美，他称之为追求优越感。他将人类精神的所有外在表现均视为朝向这一目标的运动。他指出，关于人的发展的一个根本事实就是，人的心理总是充满着有活力的、有目的的追求。儿童自出生起就不断地追求发展，追求伟大、完善和优越的希望图景，这种图景是无意识形成的，但却无时不在。这种追求，这种有目的的活动自然反映了人具有独特的思考和想象能力；它主宰了我们一生的具体行为，甚至决定了我们的思想，因为我们的思想绝不是客观的，而是和我们所形成的生活目标和生活方式相一致。有些教育学从这种人性观出发，把追求完美的理想人格（perfection）作为教育的目的，即所谓"止于至善"。

那么，个体为什么要追求优越感呢？其中的动力又是什么呢？在阿德勒看来，我们之所以追求优越感，追求完美，就是因为我们本身不优越，不完美，因而需要奋然追求优越感。孔子说，"君子耻居下流"，也是这个意思。孔子本人也是"少也贱"，于是发愤好学，终至"从心所欲，不逾矩"的境域。阿德勒指出，个体的追求优越感是以另一个重要的心理学事实为前提的，即人的自卑感。所有的儿童都有一种天生的自卑感，它激发儿童的想象力，激励他尝试通过改善自己的处境来消除内心的自卑感。个人处境的改善会缓和自卑感。心理学把这种现象称为心理补偿。阿德勒先是从那些身体缺陷的成功人士身上认识到，身体缺陷而造成的自卑感是他们获取成功的动力。他进一步发现，除了身体缺陷，还有兄弟姐妹之间的竞争，贫穷，被贬低，被忽视，被拒斥，被虐待，父母过于强势，过于保护，溺爱，与成人相比的身体弱小，能力脆弱，无助和依赖性，等等，都会使儿童产生一种自卑感。扩而言之，成人之间，人与环境之间，甚至民族之间，国家之间，也都存在着这种自卑感。阿德勒认为，自卑感是一种普遍的人类心理，它不是变态心理，我们每个人都或多或少隐藏着一种自卑感。他甚至指出，我们人类的全部文化都是以自卑感为基础的。不过，自卑感过于强烈，从而产生了自卑情结，就是一种病态了。阿德勒特别指出，有身体缺陷和被父母溺爱或忽视的孩子容易产生自卑情结。不过，适度的自卑感是一种普遍的正常现象，它是个体追求优越和完美的动力。由此，阿德勒用他的自卑感动力学说代替了弗洛伊德的性动力学说。

阿德勒指出，个体这种"止于至善"的优越感追求，不仅不能脱离社会，而且还是以社会为取向，为标准，否则就是病态，就是人格适应障碍。

早期的阿德勒曾把优越感追求理解为对权力和统治的追求。这里我们也可以看出尼采对他的影响。尼采将生命意志建构为一种追求强大、超越的权力意志。不过，尼采的权力意志具有一定的颠覆性,他声称要重估一切价值,把追求权力意志的超人的道德视为主人道德,相反则称之为奴隶道德。在他看来,没有超人,庸众不过是无意义的零。这是强调人的社会性的阿德勒所不能接受的。特别是第一次世界大战以后,阿德勒看到人类之间的斗争和厮杀给人类造成的伤害,认为人类的未来在于走一条合作之道,于是,便把这种对优越性的追求限制在对社会有益的基础上。所谓优越性的衡量标准是对社会有用。在他看来,精神器官的所有能力都是在社会生活的逻辑这样一个基础上发展起来的。我们只能从社会的观点去评判一个人性格的好坏优劣。人是一种社会存在物。只有理解了这一点,我们才可以掌握打开理解人类行为大门的钥匙。由此,阿德勒又提出了个体发展的社会情感和社会兴趣的观点。

我们知道,每个孩子都追求优越感。父母或教师的任务就是把这种追求引向富有成就和有益的方向。教育者必须确保孩子对优越感的追求能给他们带来精神健康和幸福,而不是精神疾病和错乱。

如何才能达到这一点呢?区分有益和无益的优越感追求的基础又是什么呢?答案是,符合社会利益。我们很难想象一个值得称道的个体成就与社会无关。那些我们认为是高贵、高尚的行为,不仅对于行为者自身,而且对于社会也同样具有价值。因此,教育孩子就是要培养他这种社会情感,或者说,要加强孩子认识与社会一致的意义。

那些不懂得社会情感为何物的孩子将会成为问题儿童。这些儿童对优越感的追求还没有被引向对社会有益的方面。母亲对儿童的社会情感和社会兴趣的发展至为关键。母亲要适时地发展和扩展孩子的社会情感和社会兴趣。按照阿德勒的理解,人不得不过一种社会性的生活,这是思考儿童心理和教育的根本起点,甚至连人的语言能力和逻辑能力也与社会密切相关。完全独居的人根本不需要逻辑,或者说,他对逻辑的需要不会多于任何一个动物。另一方面,一个人若不断地与人接触和交往,他就必须使用语言、逻辑和常识,因而他必须获得和发展社会情感。这也是所有逻辑思考的最终目的。

我们也许要问,社会情感是否比追求优越感更加接近人的天性? 对此问题的回答是,这两种心理在根本上拥有相同的内核,个体追求优越和渴望社会情感都是建立在人的本性的基础上。两者都是渴望获得肯定和认可的根本表现,只是表现形式不同而已。

个体在追求优越感和社会承认时会发展出不同的行为特征和习惯,即所谓的生活风格。生活风格的发展和自卑感有密切关系。如果一个儿童有某种生理缺陷或主观上的自卑感,那他的生活风格将倾向于补偿或过度补偿那种缺陷或自卑感。例如,身体瘦弱的儿童可能会有强烈的愿望去增强体质,这些愿望和行为便成为他生活风格的一部分。生活风格决定了我们对生活的态度,形成了我们的行为模式。一个人在四五岁的时候,生活风格就大体上定型了。阿德勒提出过四种主要的生活风格。(1)支配—统治型,这种人倾向于支配和统治别人,缺乏社会意识,很少顾及别人的利益,他们追求优越的倾向过于强烈,甚至不惜利用或伤害别人以达到自己的目的。他们想通过控制别人来显示自己的强大。(2)索取型,这种人相对被动,很少努力去解决他们自己的问题,总是依赖别人照顾他们。许多富裕或有钱的父母对他们的孩子采取纵容的态度,尽量满足孩子们的一切要求,以使他们免受"挫折"。在这样的环境下的孩子,很少需要为自己努力做事,也很少意识到他们自己有多大的能力。他们对自己缺乏信心,而总是希望周围的人能满足他们的要求。(3)回避型,这种人缺乏解决问题或危机的必要信心,不敢面对生活中的问题,试图通过回避困难避免任何可能的失败。他们常常沉浸在幻想的世界之中,并在其中感受到虚幻的优越。(4)对社会有益型,这种人能够面对生活,与别人合作,为他人和社会服务,贡献自己的力量,他们常常生长于民主风气浓厚的家庭。这四种生活风格中,前三种是适应不良或错误的,只有第四种才是健康的和值得推崇的。

阿德勒晚年的时候,还提出所谓创造性的自我的概念。他在自卑及其超越的概念中,开始突出地强调作为个体的人的创造性力量。他认为,自卑大多是由先天或遗传的生理上的缺陷而产生,也包括人所处的环境对人的压抑和排斥所造成的抑郁之感。如何面对这些问题,他指出,人是有自主性的,能按照自己憧憬或虚构的目标有选择地看待生活中的这些经验。而这种选择性便是人与生俱来的创造性,它决定着每个人的发展。创造性自我可以使个人的人格和谐、统一,形成个体的独特性,它是人类生活的积极原则。这里,我们还可以看到早期马克思的影响。马克思也认为人是创造性的存在。他早期对资本主义的批判,带有一定的人道主义色彩。资本主义之所以罪恶,主要是因为异化劳动使创造性的自我得不到发展,工人(创造性自我)在劳动中感觉不到自己。不

过,马克思后来转向了革命,而阿德勒则转向了心理分析和心理
咨询。

二、 心理分析和教育主张

普遍存在的自卑感激起了个体的创造力,为追求人生的意义
和优越感,个体便投入到追求完善、完美的过程之中,并在这种克
服困难和改善自我的过程中做好本职工作,与社会互利双赢。

与此相反,自卑感所激发的优越性追求也会走错方向。这些
人会把追求优越性扭曲为追求权力,控制别人,自私自利,或沉溺
于自我想象的世界之中,缺乏面对现实世界的勇气。而这些错误
的优越性的追求,正是教育应该加以注意的地方。从这个意义上
说,阿德勒的教育主张主要体现为一种心理分析和矫治。实际上,
较之弗洛伊德,阿德勒更有资格被称之为真正的现代精神治疗之
父。他注重人格的整体性,注重优越感的目标追求,注重价值观在
人类思维、情感和行为中所起的重要作用。他正确地看到,虽然性
的内驱力和性的行为在人类的生活中起着重要作用,但它们更多
的是人类非性欲的人生观的结果,而不是这种人生观的原因。阿
德勒的个体心理学在人文科学领域得到了广泛的应用,尤其以心
理治疗和教育领域最为突出。

在阿德勒看来,各种问题儿童都是"生活的失败者",是由于错
误的生活风格导致的。错误的生活之所以产生,是由于个人专注
于夸大了的个人优越感并缺乏足够的"社会兴趣"。如果一个人缺
乏社会兴趣和合作精神,自己的生活目标又因遇到困难而难以达

到,心理便失去平衡,会不正常,产生问题,因而需要加以治疗。

阿德勒的治疗方式就是通过分析病者的生活风格,帮助病者提高社会兴趣,面对现实,做出新的生活选择。这一点是个体心理学的独特性,也是它广受欢迎的重要原因,因为它通过提高人的社会兴趣,改变了人在生活中的价值观念,从而重新树立了生活目标,追求于社会有益的优越感。

既然一个人的生活风格在3—5岁时就已经固定了,因而学校所谓的问题儿童,基本上都是儿童早期教育特别是家庭教育的结果,学校只不过是一种测试情境,把潜在的问题显露出来而已。那么,怎样才能了解一个人的生活风格呢? 阿德勒总结出三条途径;第一,看他的出生顺序。在他看来,出生顺序的差别会形成一个人对生活的不同看法和不同的人格,例如,长子往往是权利欲望的幻想者,老二往往是竞争者、超越者,排中间者通常是被压迫者或协调者,幺子则往往是特立独行者或失败者,而独子则常常是权力的追求者。第二,对早期的回忆。因为从早期回忆中可以看出一个人的生活目标。第三,对梦的解释。因为梦主要体现了个人对日常生活中所遇问题的态度,因而梦中蕴含着人的生活风格。在确定问题儿童的生活风格时,阿德勒发现,家庭教育在儿童的人格成长方面扮演着举足轻重的角色。家庭特别是父母的养育风格对孩子的生活风格有着重要影响。下面列举了若干类型的养育风格及其对孩子的影响。

1. 民主和鼓励:认可孩子的独特性,给予孩子爱,尊重和平等感,鼓励孩子纠正错误和发展能力,指导孩子在奉献中发现意义,给予孩子合理的成长挑战,允许他按照自己的速度成长,教育孩子做力所能及的事情,并富有合作精神。这样,孩子会有一种安全感和被认可感,在征服困难中感到自己的力量,在成就和奉献中感到满意,不害怕尝试和失败,并以安全和友善的眼光看世界。

2. 过分宠爱:给予孩子各种礼物、特权和服务,但从不考虑孩子的实际需求。孩子消极被动,无聊冷漠,丧失自动性和创新尝试;期望毫不费力地获得一切,把成人视为快乐和舒适的供给者。

3. 过于顺从:一味顺从孩子的要求、脾气和一时冲动,对待孩子像对待老板,自己像个仆人和奴隶,不敢对孩子说"不"。这样,孩子会坚持自己的要求被满足,爱发脾气,专横跋扈,像个皇帝,忽视他人的权利,缺乏界限感,孩子较为主动,富有进攻性,并且要求较高。

4. 完美主义者:只认可孩子的成绩,设立高标准,对孩子的成就永远感到不满意;孩子永远是个行者,总想走的更快,永无休止。父母设定的终点线总是在运动,孩子不断地想做的更好,做过分的追求和努力,专注于获取成就,但从来达不到要求,孩子没有价值感,有可能会放弃,或产生身体疾病如溃疡。

5. 忽视:父母总是不在家,总是很忙,很穷,或很富;酗酒、离婚,或生病,对孩子的忽视通常都是情感方面的。孩子在寒冷的冬天还在外面游荡,哆哆嗦嗦地将鼻子贴在别人家温暖的玻璃上,孩子有一种被放逐的感觉。孩子缺乏与别人建立亲密关系的能力,从来没有被人关爱的感觉,死去或不在孩子身边的父/母往往会被理想化为一个神圣的形象。

6. 拒斥:拒绝认可孩子,把孩子当作累赘和负担。父母自己或许在童年也遭受过如此的对待,或婚姻是被迫的,或孩子畸形;

孩子会感到孤立和无助,感到深深的伤害,痛苦,充满敌意,焦虑,自我贬损,自我隔离。

7. 过于强迫:不断地指导和监督孩子,无穷无尽的指示和不断的提醒,过于严格,倾向于训练而不是教育自己的孩子;孩子像条驯服的狗,或固执的驴子,父母和孩子会进入到一个强迫和抗拒的循环。这样,孩子要么顺从别人的指示,最后形成温顺窝囊的性格,要么主动反对,公然挑战,与父母言语对抗;要么消极抵抗,磨蹭,做白日梦,健忘,阳奉阴违。

8. 刺激孩子的性意识:把孩子当作小的异性看待,洗澡的时候,喜欢和孩子在一起,和孩子一起睡,骚扰甚至引诱孩子。这样,孩子会背负上沉重的秘密,并有罪恶感,感到困惑,迷茫,且富有敌意,顺从,依赖性强。

9. 惩罚:经常同过于强迫和完美主义的养育风格密切相关。父母把体罚视为必要的纪律和训练,把自己的个人敌意和进攻性发泄到孩子身上。孩子有犯罪感,认为自己是坏人,怨恨父母,为了逃避惩罚而可能说谎,常恐惧自己会报复父母,感到无助和受到不公对待,并为报复的念头所煎熬。

10. 对健康过于关注:家庭笼罩着一种焦虑和担心的气氛。孩子会因为很小的问题而被要求呆在家里和不上学,还可因此不做家务和作业。孩子期望从父母那儿获得同情和溺爱,总是担心健康,把注意力集中在身体和器官功能上,夸大自己的病状,借以逃避正常的任务。

11. 要求孩子承担过多的家庭责任:由于经济的原因,个人问题,或父母其中一位病故或生病,父母会要求孩子做过多的家务,要求他们照顾弟妹。孩子承担过多责任,只知道责任和劳作,忽视了其他的方面。孩子会心怀怨恨地承担责任,会错过正常的和无忧无虑的童年。

因此,阿德勒指出,儿童的教育要注意以下几个方面:

1. 发展积极的自我观:教育者要给予孩子持续的信任,发展他的自信,过多的批评会造成怯懦和不自信;给予自由和机会,促进孩子自立,教育者过于展示优越感会滋生他的依赖心理;树立榜样,鼓励他自我要求,自我创造,阻止他沉溺自我,裹足不前;鼓励他认可自己的性别和异性,不要显示或暗示拒斥自己的性别和异性。

2. 发展积极的困难观:鼓励他努力克服障碍,提供适当的挑战,塑造他的勇气和自信,不要提出过高的要求,也不要提出过低的要求;允许和支持他创新尝试,不要把孩子视为被操纵的木偶;倡导和展示坚韧、恒心,做事追求完美,不要显示出没有耐心,或办事拖拉。

3. 发展积极的他人观:鼓励他培养一种人类的关爱感,不要向孩子灌输偏见和冷漠;鼓励合作和与人共享的愿望,不要挑起恶性竞争;教会孩子理解和体察他人,不要培养他的自私和自我中心;帮助孩子对自己公平的份额满意,不要容忍贪婪和自私;展示和鼓励帮助他人,不要成为剥削者和暴君;展现自己乐于奉献,不要在孩子身上播种会使他成为一个索取的人的种子。

4. 发展积极的异性观:发展孩子深刻地认可异性,不要通过言行来贬损异性;全面理解异性和与异性的亲近感,不要创造无知或距离;促进热情,信任和友善,不要播种敌意和不信任。

　　对于学校中的问题儿童的处理，阿德勒指出，任何一个未能精通人性科学的理论和技术的人，要想把人教育好，都一定会遇到极大的困难。他完全只是在表面上操作，而且会错误地相信自己能够改变孩子。惩戒是没有用的。因为人格是一个统一的整体性，单个行为只有在整体人格中才能得到理解，正如我们不可能脱离整个旋律来理解单个音符的意义，关键是要分析和认识他的生活风格，然后才有可能加以矫治。阿德勒认为，惩罚只能加剧孩子认为学校不是他理想之所的想法。如果他被学校开除，或被要求父母将他带离学校，他会感到正中下怀。他的错误的优越性追求和由这种追求而形成的生活风格和感知图式才是问题的根源。在矫治问题儿童方面，学校负有不可推卸的使命。在阿德勒看来，学校教育介于家庭和社会之间，是孩子成长和纠正家庭教育失误的关键场所。为此，阿德勒甚至还在学校设立儿童咨询指导诊所。

　　本书的两个附录详细地描述了阿德勒心理治疗的有关方法和案例，这里不再赘述。这里仅给出阿德勒心理治疗的程序和步骤：

　　1. 关系建立：给予被治疗者热情、同情和认可，与他建立良好的合作关系。没有良好的信任关系，是不可能帮助他的。

　　2. 收集信息：收集相关信息，探索他早期的印象和记忆。

　　3. 澄清：用苏格拉底式谈话来澄清他混乱模糊的思想，评估他的行为和观念的结果。

　　4. 鼓励：帮助他转移目标，转移生活方向，使他远离旧的生活风格。

　　5. 解释—认可：解释他的自卑感和追求优越的目标，确定什么应该避免，对出生次序、回忆、梦境和白日梦做出综合解释。

6. 认知：使被治疗者在没有帮助的情况下，完全认识到自己的生活风格；个体了解并认可什么需要改变。个体尽管认知到自己的生活风格，但还是感到改变的情感动力不足。

7. 情感突破：如果需要，促进其情感突破、新生，提供正确的或错误的发展经验，创造性地进行角色扮演、想象和叙述。

8. 从不同方面加以改变：把洞见转为新的态度，突破旧的模式；鼓励他做新的尝试，规划具体步骤；使他渴望创造型的情感。

9. 强化：鼓励所有朝向新的方向的行动。肯定积极的结果和感受；正面评价所取得的进步和勇气。

10. 社会情感：运用他更好的自我观来促进更多的合作；扩展平等、合作和对他的同情感；全面地信任他。

11. 目标重建：挑战他以前的自我和旧的虚构目标，消解旧的生活风格，发现新的方向。

12. 鼓励他热爱奋斗，喜欢不熟悉的东西。开启他新的心理视野，鼓励他按照新的价值观来生活，强化他与世界关联的感觉和与别人分享的愿望，促进一条通向持续发展的途径。

我们可以把1、2条视为治疗的准备和支持阶段，3、4条是鼓励阶段，5、6条是洞见阶段，7、8、9条是改变阶段，10、11、12条是挑战阶段。按照阿德勒的观点，在治疗性对话之后，还应该进行一种元治疗，即对价值观、生命的意义和人生的使命进行哲学性的讨论和考察，以帮助他建立更为明晰和有意义的生活目标。

可见，阿德勒的心理分析和教育学说的根本一点在于把儿童的生活风格和对优越感的追求引导到对社会有益的方向上来。当然，从现在的眼光来看，阿德勒一味地强调社会兴趣和适应社会，可能也会有问题,特别是当这个社会还存在诸多缺陷的时候,对适应社会的强调可能会导致对改造社会的责任的忽视。而且,个体的很多心理问题是由环境造成的,没有环境的改善,心理治疗的作用也是有限的,即所谓只能治标而不能治本。相比之下,马克思就从早期创造性的自我论转向了社会批判和社会革命,他指出,过去的思想家们只是用不同的方式解释世界,而问题在于改变世界。西方有人试图把马克思的宏观批判和心理分析结合起来,以改造马克思主义。不过,这何尝不是对心理分析的改造呢!当然,我们不能从政治的角度来要求一个心理学家。毕竟,作为一个心理学家,作为一个教育家,阿德勒只能在现实的范围内工作,因为心理学家和教育学家的批判力量实在是太有限了。

三、文 如 其 人

　　阿德勒用以自卑感和社会兴趣为核心的个体心理学改造了弗洛伊德以性动力为核心的心理分析。虽然他俩的学说存在很大的差异,但我们还是把阿德勒的个体心理学视为精神分析学派的合理发展。弗洛伊德的学说是对西方以理性为核心的道统,特别是维多利亚时代严格的道德伦理的反叛,而阿德勒的个体心理学是对西方竞争的工业社会,特别是第一次世界大战后的世界的回应。

　　另一方面,阿德勒的个体心理学也有着强烈的个人经历的印记。伟大的小说都带有自传性质,这说的是文学家,但对于心理学家阿德勒也至为恰当。阿德勒的一生,是不断地超越自卑,走向成功的一生。他的理论与他的经历如此明显地联系在一起,以至于我们可以说,他的理论就是他的传记,或者说,他的传记就是他的理论。阿德勒自己也多次承认这种联系。因此,为了进一步把握阿德勒的思想和教育主张,这里有必要了解一下他的生平,这也是阿德勒心理分析所崇尚的方法。

阿德勒(Alfred Adler)1870 年出生在奥地利一个犹太家庭。父亲是个商人,家境比较优裕。阿德勒是家庭的次子。在犹太传统中,长子在家庭的地位非常特殊。他的哥哥也不断地提醒阿德勒他才是家里的长子。阿德勒也许因此体会到出生次序的重要性。

阿德勒生活在维也纳。他回忆说,自己童年很快乐,有很多玩伴。我们可以从中看到他的归属感和社会兴趣的萌芽。

阿德勒童年时得了佝偻病,5 岁时患上了致命的肺炎,医生认为他快死了,家人也不抱什么希望。但几天后,他竟奇迹般地康复了。医生说他可能会死去。阿德勒关于器官缺陷的自卑感也许出于这样一种经历。他很早就不相信医生,并决定自己成为医生。

阿德勒中学成绩并不好,特别是数学更差,同学看不起他,老师也建议他的父亲让他去当一名制鞋匠,他父亲自然拒绝了。这对阿德勒刺激很大,他更加努力用功,终于成了班上的优等生,同时也增强了他的自信心。这件事使阿德勒认识到,人的潜力是无限的,只要努力,就可以成功。中学毕业后,阿德勒考入维也纳医学院,系统学习了有关心理学、哲学的知识,并受到良好的医学训练。不过,他对医学院强调诊治而不是帮助感到不满。这也刺激了他开办心理咨询诊所的愿望。

1897 年,阿德勒与一位俄国姑娘结婚。他的这位妻子强健而有教养,对政治很感兴趣,总想把阿德勒拉入政治运动之中。阿德勒对政治并不感兴趣,尽管他声称同情社会主义/马克思主义,却不愿卷入政治漩涡之中。

1899年,阿德勒在维也纳开设了自己的诊所。他的病人主要是艺术领域里的人,如画家、音乐家等。从实践中他发现,这些富有创造性的艺术家们,往往是在克服和补偿了儿时生理上的缺陷和意外事故造成不幸的基础上才发展出不凡的才干的。在与这些病人的接触中,他形成了身体缺陷会引起自卑感和补偿心理的理论。

在诊所行医期间,阿德勒读了弗洛伊德的《梦的解析》,感到收获很大,并发表了一篇评论文章。该文立即引起弗洛伊德的注意,他很欣赏这位年轻的医学博士对精神分析学的看法和理解的深度,于是便邀请阿德勒加入了由他本人主持的每周心理学讨论会。不过,阿德勒对弗洛伊德的许多观点有着自己的看法,他尤其不赞成弗洛伊德对性的看法和他分析梦的方法。当阿德勒发表了《器官缺陷及其心理补偿的研究》时,他们之间的差异便显示出来。阿德勒在这篇文章中首次引入了"自卑情结"的概念。他认为,由身体缺陷或其他原因引起的自卑感,一方面可能毁掉一个人,使人自暴自弃或产生精神病,但另一方面,它也能激发人的雄心,催人奋发图强,以补偿生理上的缺陷,成就不平凡的人生。这篇文章使阿德勒名声大振,文中的观点在其后来的著作《超越自卑》中被吸收和扩展。弗洛伊德强调性的动力,而阿德勒则坚持认为,动力更是外在的,社会性的,而不是内在的。不过,这时的弗洛伊德仍然容忍阿德勒的想法。因为他们的心理学观本质上还是生物性的。

阿德勒进一步发展了自己的观点，并导致两人关系破裂。他认为，攻击性是一种动力，也是一种社会兴趣。1910年，阿德勒认识到，人的行为主要是由人追求社会认可和承认而发动和促进的。这与弗洛伊德认为人的行为本质上是内在的、由性所推动的观点相反。阿德勒后来进一步完善了"自卑情结"的概念。他认为，自卑感不仅仅是由身体缺陷引起的，更是一种普遍的心理现象，是人的行为的发动者和推动者。自卑感产生于男性抗议，儿童从成人那里感到了自卑，因为他们缺乏确定性、雄心和进攻性等男性特征。女人也感到这点，由于文化压抑，女性特征被贬低了。阿德勒认为，女人产生心理问题，是因为她们不能达到文化中所看重的标准。所谓男性特征、女性特征，每个人都有（后来变成了优越感/自卑感）。自卑感并不是一件坏事情，正是这种自卑感才促使人们追求更为优越的地位和更为完善的人生。这些观点与弗洛伊德的精神分析主义大相径庭，弗洛伊德再也无法容忍。两人于1911年断交。不过，阿德勒不惧权威，勇敢地走上自己渴望的道路。

与弗洛伊德决裂之后，阿德勒与志同道合者成立了"自由心理分析学会"。1912年，他正式称自己的思想体系为"个体心理学"，并倾力投身到人类个体心理的研究之中，由此开创了心理学史上一个重要流派。

1912年他写了《神经质人格》，奠定了个体心理学派的基础。他在这本书里进一步强调了自卑感作为行为驱动力的重要性，并引进了虚构目的论、追求优越感和生活的进化等概念，后来便形成了生活风格的概念。

　　1912—1914 年,阿德勒在《个体心理学杂志》发表了自己的观点,并开始在全国做关于生活风格和神经病人格的报告。1915—1916 年,他在军队里服役。服役期间,他研究了士兵的睡姿和人格特征,并对军队对罹患严重疾病的士兵非人道的治疗感到不满和愤怒。

　　1917 年,阿德勒首次提到出生次序的观点,并用出生次序来分析患者心理。1920 年,他发表了《个体心理学的理论和实践》,该书给他带来了国际声誉。阿德勒和其他理论家或心理学家之间的根本区别在于,他展示了自己的分析技术,并愿意教别人如何去运用它们。整个 20 年代,他都在欧洲讲学,并开设儿童指导诊所。

　　1926 年,他到美国讲学,受到社会各界的热烈欢迎,次年成为哥伦比亚大学的客座教授。他的重要著作《理解人性》被翻译成英文在美国发表。这本书涉及儿童从出生到青春期的人格发展观,并完善了他的个体心理学的理论。到 30 年代,阿德勒已经功成名就,个体心理学的影响逐渐扩大,他的声望也如日中天。1934 年,阿德勒决定定居美国。1935 年,他创办《国际个体心理学学刊》。阿德勒在 30 年代发表了很多著作,有些人称他著作过滥,批判的言语也很刻薄。不过,他对美国的影响巨大,从竞选总统的企业家阿尔·戴维斯(Al Davis)到美国著名的心理学家华生、杜威、马斯洛和罗杰斯等,都从阿德勒那里汲取营养。他的观点深入到社会生活的各个方面,如宗教、社会学、教育、心理治疗和家长教育,等等。1937 年,阿德勒应邀去欧洲讲学,终因过于劳累,心脏病突发,逝世于苏格兰的阿伯丁大学,享年 67 岁。

阿德勒的一生是不断地超越自卑、走向成功的一生。

四、结　　语

前面指出，"自卑而超越"是我们文化和国民的一种心理现象，这种心理又与修身齐家治国平天下的儒家知识分子人生路线结合起来，构筑起中国人"天行健、君子以自强而不息"的辉煌大气的民族心理。每至民族危亡，国家危难之际，这种心理就会表现得淋漓尽致。如今面对这样一个全球化的竞争世界，我们和发达国家还有一定的差距。按照阿德勒的观点，这种差距正是超越的推动力。在这个百舸争游的世界中，人生的意义是痛苦，是奋斗，而不是因循苟且，做境遇的奴隶。阿德勒曾经说过，他的学说的影响在美国比在欧洲更为巨大，我们是否可以问，阿德勒之道也会在中国和中国的教育者那里找到发荣滋长的土壤呢！

本书的翻译过程有点意思。我先是据德语版进行翻译，译完前七章后才发觉德文版是从英文版翻译过来的，原来，此书的德文原稿已失落了，而我还以为我所翻译的德语版应该是原版。既然我看到的德文是从英文转译过来的，那么英文版即使是从德文原版翻译过来的，其离原意不至于有多少距离，至少比现在的德文版离原始的德文版要近一些，于是，便依据英文版把剩下部分翻译过来，并对前七章进行了校正。其中，第十至十四章及两个附录由彭莉莉翻译。虽然如此，我们还是认为自己没有辜负阿德勒的意思。请读者明鉴，指正。

　　本书出版时,将中译本的书名定为《儿童的人格教育》,这样突出和强调了阿德勒的教育意图。

彭正梅于上海华东师范大学国际与比较教育研究所
2006 年春于两会召开之际

注释

[1] 〔德〕康德著,《历史理性批判文集》,商务印书馆 1997 年版,第 22 页(对照原文,译文略有改动)。

目　录

第一章 引 言

从心理学的角度来看,教育问题对成人来说,可以归结为一种自我认识和自我指导。这对儿童也一样。不过,两者之间存在一定的差异:由于儿童尚未成年,给予他们指导就异常重要。其实,成年人有时也需要指导。如果我们愿意,我们完全可以放任儿童按照自己的意愿成长;而且,如果他们有2万年的时间,且在恰当的环境下发展的话,他们也许最终可以适应现代文明的成年人的行为规范。这显然是不可能的,因为人生有限。因此,成年人必须关注并引导儿童的成长。

但是,这里最大的困难莫过于对儿童的无知。如果说成年人要认识自己及其情感和爱憎的原因,即认识自己,本身就已相当困难,那么,了解儿童,并在掌握丰富知识的基础上去指导和引导他们就更是加倍的难事了。

个体心理学专门研究儿童的心理,这不仅因为这个领域本身的重要性,同时还因为我们能够借以认识成年人的性格特征和行为方式。个体心理学有别于其他的心理学,它不能容忍理论和实践的脱节。个体心理学集中研究整体人格,并将自己的科学目光投向整体人格对其发展和可能表现的充满活力的追求。从这一立场出发，个体心理学的科学知识就是实践知识，因为所谓知识也就是源于对错误和谬误的认识；不论是心理学家、父母、朋友还是个体自己，谁要是拥有这样的知识，谁就马上懂得实际运用这些知识来指导人格的发展。

个体心理学所采用的这种研究方法，使得它的所有论述形成了一个有机的整体。按照个体心理学的理解，个体的行为是由个体的整体人格发动和指引的，因此，个体心理学关于人的行为的所有陈述都精确地体现了这些行为之间的相互关系，个体的行为反映了个体的心理活动。在引言部分，我试图对个体心理学的观点作一总体性的论述，并在以后各章比较详细地探讨引言部分所提出的各种相关问题。

关于人的发展的一个根本事实就是，人的心理总是充满着有活力的、有目的的追求。儿童自出生起，就不断地追求发展，追求伟大、完善和优越的希望图景，这种图景是无意识形成的，但却无时不在。这种追求，这种有目的的活动自然反映了人具有独特的思考和想象能力；这种有目的的追求主宰了我们一生的具体行为，甚至决定了我们的思想，因为我们的思想绝不是客观的，而是和我们所形成的生活目标和生活方式是一致的。

整体人格内在于每个人的存在之中。每一个体代表了人格的整体性和统一性；同时每一个体又为其整体人格所塑造。每一个个体既是一幅画作，又是画作的作者。个体是他自己人格的画作者。不过，他既不是完美的画作者，也不会对自己的灵魂和肉体具有完备的认识。他只是一个极易犯错误和不完善的存在。

　　在考察人格的建构时，需要加以注意的是，人格的整体及其独特的生活目标和生活风格并不是建立在客观现实的基础上，而是建立在个体对生活事实的主观看法的基础上。个体对客观事实的观念和看法绝不是事实本身。因此，人类虽然生活在同样的事实世界之中，但却各自以不同的方式来塑造自己。每个人都根据他自己对事物的看法来塑造自己，他的有些看法在心理上是健康的，正确的；有些则是不健康的，错误的。我们要永远考虑到，个体在成长过程中会出现心理问题和障碍，特别是要考虑到他童年早期时的心理障碍和问题，因为这些心理问题和障碍会影响他后来的人生轨迹。

　　这里以一个具体案例来进行说明。这是一个 52 岁的女人。她总是没完没了地贬损比她年长的女性。对此，她回想到，她童年的时候，由于她的一个姐姐得到了所有人的注意，她就总有一种屈辱感和无价值感。如果这里可以运用个体心理学的一个"纵向"观察方法来探讨这一案例，那么，我们就可以在这个女人的童年到其生命的晚期中发现同样的心理机制，同样的心理动力：她总是担心别人看不起她；当她注意到别人更招人喜欢，处于更为有利的地位时，她就心生怨恨。因此，尽管我们对这个女人的生活或她的整体人格一无所知，但是，我们几乎可以根据所了解的两个事实来填补对她了解的空白。在这方面，心理学家就像小说作者一样，运用一个确定的行为主线、一种生活风格或一种行为模式来建构人物的生活，以确保人物的整体人格不会被破坏。一个优秀的心理学家甚至能够预测这个女人在特定情境下的行为，并能够清晰地描绘出她独特的"生命主线"所附带的人格特征。

　　个体的追求或有目的活动是以另一个重要的心理学事实为前提的，即人的自卑感。所有的儿童都有一种天生的自卑感，它会激发儿童的想象力，激励他尝试通过改善自己的处境来消除自己的心理自卑感。个人处境的改善会缓和自卑感。心理学把这种现象称为心理补偿。

　　自卑感和心理补偿机制的重要一点是，它开启了人们犯错误的巨大可能性。自卑感或许客观上有助于个体完善，不过，它也可能导致单纯的心理调适，从而会扩大个体和客观现实之间的距离。或者自卑感过于严重，当事人最终只是在心理上而不能在行为上加以克服，尽管这种补偿性的心理特征的形成也是必要的和必然的。

　　我们这里把那些明显表现出补偿性的性格特征的儿童分为三类：生来就衰弱或有器官缺陷的儿童；从小受到严厉管教、没有受到父母慈爱的儿童；从小被宠坏的儿童。

　　这三种类型代表了问题儿童三种基本的处境；凭借对这三种儿童的考察，我们可以更好地研究和了解正常儿童的发展。尽管不是每个儿童都是生而残疾的，但令人吃惊的是，很多孩子都表现出某些由身体欠缺或器官缺陷所引发的心理特征。我们可以从残疾儿童中的极端例子来研究这些心理特征的原型。对于被严厉管教或被娇宠过甚的另两类儿童而言，在实践上，几乎所有的儿童都在不同程度上属于其中一类，或甚至两者兼而有之。

　　上述三种基本处境都会使儿童产生欠缺感和自卑感，并会刺激儿童形成超越其自己潜力的雄心。自卑感和追求优越感是人生同一个基本事实的两面，难以截然区分。在病理学上，我们很难判断是过度的自卑感还是膨胀的野心对个体的伤害更大。两者通常会按照一定的节律，依次出现。过度的自卑感会刺激起儿童膨胀的野心，而这种野心有时又会毒化他的心灵，使他永不安分。这种不安分并没有导致有意义的行为；它不会结出任何果实，因为它受到了野心的过分浇灌。这种野心又与个体的性格和癖性纠缠在一起，不断地刺激儿童，使他们变得过于敏感，并总是容易对伤害或蔑视动怒，并最终走向过度的自卑。

这种人（《个体心理学杂志》充斥着这方面的个案）虽长大成人，才智能力仍沉睡未醒。他们变得"神经兮兮"，或性格怪僻。如若发展至极端，这种人最终会成为不负责任的人，或走向犯罪，因为他们头脑里只有他们自己，而没有别人。他们绝对是道德上和心理上的自我主义者。他们中的一些人回避现实和客观事实，为自己构筑了一个全新的幻想世界。他们做着白日梦，沉溺于幻想世界之中，似乎幻想世界就是现实世界。于是，他们终于成功地获得了心灵的安宁。而实际上，他们只是虚构出另一种现实，借以达到心灵和现实的和解。

心理学家和为人父母者需要注意的是，所有类型的儿童在成长中所表现出来的社会情感的发展程度。社会情感在儿童心理的正常发展中起着决定性和指导性作用。社会情感的任何障碍都会严重危害儿童的心理发展。社会情感是儿童正常发展的晴雨表。

个体心理学就是围绕社会情感的根本原则来发展相应的教育方法。孩子的家长和教育者不应该让孩子只和一个人建立紧密联系。因为若是这样，孩子势必不能为将来的生活做好准备。

了解儿童的社会情感发展程度的一个好方法，就是仔细观察他入学时的表现。刚进校门,儿童都将经历人生最早和最困难的考验。学校对儿童来说,是一个新的环境。在这里,儿童将表现出他们对新的环境是否准备充分,特别是对如何与人相处是否准备充分。

人们普遍缺乏帮助孩子做好入学准备的知识,因而,许多成年人在回想他们的学校生活时,总觉得那简直是一场噩梦。如果教育得法,学校自然也能弥补儿童早期教育的欠缺和缺失。理想的学校可以成为家庭和现实世界之间的中介;学校不仅仅是一个传授书本知识的地方,它还应该是传授生活知识和生活艺术的场所。不过,在等待理想学校出现以弥补家庭教育缺陷的同时,我们也应该关注父母家庭教育的弊端。

对于家庭教育的弊端,学校只能起着显示器的作用,这恰恰是因为学校还不是一个十全十美的环境。如果父母没有教育好自己的孩子如何与他人相处,那么,孩子在入学的时候就会感到孤立无援。他们会因此被视为古怪、孤僻的孩子。这反过来又会强化孩子初始的孤僻倾向。他们的成长由此受到伤害,并发展成为问题儿童。人们常把这种情况的出现归咎于学校,殊不知学校只不过引发了家庭教育的潜在问题而已。

问题儿童能否在学校取得进步,个体心理学还没有定论。不过,我们总能证明,如果儿童进入学校时遭遇失败,那将是一个危险的信号。这与其说是学习的失败,还不如说是心理上的失败。我们可以看到,这些儿童开始对自己丧失信心。他们的气馁情绪开始扩展,回避有意义的行动和任务,总是尽可能地逃避,寻求自由自在之道和便捷的成功。他们不走社会所确定和认可的大道,而是选择能获取某种优越来补偿其自卑感的私人小道。对于这些丧失信心的儿童来说，选择最为迅捷的成功之道，最具吸引力。在他们看来，甩开社会的和道德的责任会给他们一种毫不费力的征服感，这比起走社会所确定的大道要容易得多。选择捷径显示了他们内在的怯懦和虚弱，尽管他们外在行为却表现出相当勇敢无畏。这种人只肯做十拿九稳的事情，借以炫耀自己的优越。正如我们可以看到的那样，作奸犯科之人尽管表面上无所畏惧，骨子里却十分虚弱；我们同样有机会看到，那些表面上勇敢无畏的儿童，却在没有什么危险的环境中通过各种微小的迹象暴露出一定的虚弱感。例如，我们经常看到有些儿童（还有成人）在站立的时候不是挺直腰杆，而总是要依靠什么东西。传统的治疗方法和对这种现象的理解均只针对这种症状本身，并没有注意到更为根本的环境问题。人们总是对这样的孩子说，"站直了！"但事实上，孩子依靠在什么上，这并不重要，重要的是他总渴求得到帮助和支持的心理。通过惩罚或奖励，我们固然可以很快使这类孩子消除这种软弱的表现，但他们强烈的渴求帮助的心理并没有得到满足。毛病的根源依然存在！只有好教师才能读懂孩子的这些迹象，并以同情和理解去帮助孩子消除这种毛病的根源。

我们通常可以从某个单一的迹象来推断出孩子所具有的心理素质和性格特征。如果一个孩子表现出渴求依傍某种东西的行为，我们马上就可以知道，这孩子肯定会有诸如焦虑、依赖等特征。把他的情况与类似我们完全了解其情况的其他孩子作一比较，我们就可以重建这种类型儿童的人格，而且不需要太费气力就可以确定，这个孩子属于被娇宠过甚的一类。

现在我们来探讨另一类从未受过慈爱的孩子的性格特征。我们从那些罪大恶极者的生平中可以发现这类儿童的性格特征，只不过这些特征在这些人身上表现得登峰造极而已。从此类人的生活史中，我们还可以看到这样一个事实，即他们在童年时代都受到过恶劣对待。这样，他们就形成了冷酷的性格，满怀嫉妒和恨意。他们不能容忍别人幸福。这一类嫉妒者不仅存在于恶贯满盈者之中，在所谓正常人当中也不乏其类。一旦他们拥有孩子，或对孩子负有教育责任，他们就会认定孩子不应该比他们自己的童年过得更幸福。不仅这种父母会对自己的孩子持这样的态度，即使作为别人孩子的监护人也会持这样的态度。

这样的观念和看法，并不是出于恶意。它们只是反映了那些在成长时期受到恶劣对待和严厉教育的人的精神状态。这类人还会用许多他自以为是正当理由和格言来为自己的行为辩护，例如"收起鞭子，害了孩子"。这些人不停地拿出无数的证据和例子来证明自己的行为，但都无法使我们相信他们是对的。僵硬的、专横的教育是毫无意义的，因为这只会使孩子疏远他们的教育者。

通过对不同的、相互联系的不健康的症状的考察，并在若干实践之后，心理学家就可以建构出个体的人格系统。借助这个系统，人们就可以揭示个体隐蔽的心理过程。虽然我们对个体人格某一方面的考察，会揭示他整体人格的某种特征，不过，只有当所考察的每个方面，都显示出相同的特征时我们才感到满意。因此，个体心理学既是一门科学，也是一门艺术。在探讨个体心理时，我们不能把理论框架和概念系统僵硬和机械地加以运用，这一点怎么强调也不过分。个体才是所有研究的重点；我们不可能从一个人的一两个表现中就得出影响深远的结论，而是要考虑到所有可能支持我们结论的方面。只有当我们成功地证实我们最初的假设，只有当我们能够在一个人的行为的其他方面也能发现同样的气馁和顽固时，我们才可以有把握地说，这个人的整体人格具有气馁和顽固的特征。

这里需要记住的是，我们的研究对象并不理解他自己的行为表现，因此，他无法隐藏真正的自我。我们是从行动来认识他的人格，他的人格也不是通过他对自己的看法和想法而表现出来，而是通过他在环境中的行动表现出来的。这绝不是说，他是在故意向我们说谎，而是要我们认识到，一个人的有意识的思想和无意识的动机之间存在着巨大的距离。这种距离只有具备同情心、但又保持客观的旁观者才能跨过。这个旁观者或是心理学家，或是父母，或是教师。他应该在客观事实的基础上来解释个体的人格，这种客观事实体现了即使个体本人在一定程度上也未曾意识到的、有目的的追求。

因此，人们对个体生活和社会生活的三个基本问题的态度，要比对其他任何别的问题的态度更能表现其真正的自我。第一个问题涉及社会关系，这在我们探讨对现实的客观看法和主观看法的矛盾时，已经论述过。不过，社会关系的问题还具体表现为这样一个任务，即结交朋友和与人相处。个体如何面对这一问题？他又如何回应这一问题？如果一个人对他是否有朋友，或是否拥有社会关系，持完全无所谓的态度，并以为通过这种态度他就可以回避社会关系的问题，那么，"无所谓"就是他对这个问题的回应。从这一无所谓的态度中，我们当然可以得出关于他人格的方向和结构的结论。此外,我们还应注意,社会关系不仅限于如何赢得朋友和与人交往,还包括关于这些关系的抽象观念诸如友谊、同志关系、信任和忠诚等。对于社会关系问题的回答同样体现了个体对所有这些抽象观念的认识。

第二个基本问题涉及个体如何投入和运用自己的一生,也就是说,他想在普遍的社会分工之中发挥什么样的作用。如果我们可以认为,社会问题是由一个以超越自我的你—我关系决定的,那么,我们也同样可以认为,第二问题是由人—世界(即地球)的基本关系所决定的。如果我们把世界所有的人都压缩成一个人,那么,他仍总是与世界关联着。他向世界希冀什么? 就像对第一个问题的回答一样,第二基本问题即个体的职业问题也不是个体单方面的或私人的问题,而是一个涉及人和世界的关系问题。这种关系并不完全由个体的意志所决定。职业成就的取得并不取决于我们的个人意愿,而是源于对客观现实的关系。基于这个原因,个体对职业活动问题的回答及其回答的方式高度地反映了他的人格及其对生活的态度。

第三个根本问题产生于人类分为两种性别的事实。这个问题的解决同样也不是个体单方面的和主观的事情;它的解决必须和两性关系的内在客观的逻辑一致。如何和异性相处? 认为这是一个典型的个人问题同样是错误的。只有细致权衡所有与两性关系相关的问题,我们才能获得一个正确的解决之道。显然,对爱情和婚姻的正确的解决之道的任何偏离都体现了人格的缺陷和缺失。因此,许多由于对这个问题处理不当而产生的有害后果,都可以从更为根本的人格缺陷和缺失的角度来加以解释。

　　因此，正如上面所显示的那样，我们完全能够根据个体对这三个基本问题（社会关系问题、职业问题和两性问题）的回答，去发现他大致的生活风格和独特的目标。个体的生活目标是决定性的。它决定了一个人的生活风格，并反映在这个人的行动上。因此，如果一个人的目标是合作进取的，指向生活的建设性的一面，那么，我们就会在这个人的所有问题的解决方法中发现这一印记，发现他所有的问题解决方法中建设性的一面。个体也会因此感受到幸福和快乐，并在这种建设性和有益的活动中感受到一种价值和力量。相反，如果一个人目标是指向生活中消极的一面，那么，个体就不能解决这些基本问题，自然也就不能获得妥善解决这些问题所带来的欢乐。

　　这些基本问题之间存在着密切的关系。由于在社会生活中，这些基本问题还会派生出一些特定的任务，而这些特定的任务又必须在一种或总体的社会背景下即在社会感情的基础上才可以恰当完成，这反过来又强化了这些基本问题之间的关系。实际上，这些任务在儿童早期的时候就开始出现了：我们的感官发展就与看、听和说等社会生活方面的刺激是一致的；我们也是在与兄弟、姐妹、父母、亲戚、熟人、伙伴、朋友和老师的关系中成长。这些任务还以同样的方式伴随一个人的一生。谁脱离了与其同伴的社会接触，谁就注定要失败。

　　因此，个体心理学有充足的理由认为，对社会有益的事，就是"正确的"。对社会规范的任何偏离都可视为对"正确之道"的偏离，并将和客观的法律和现实的客观必要性发生冲突。这种与客观现实的冲突将会使行为人产生明显的无价值感；这种冲突也将会引起受害者同样或更为强烈的报复;最后,我们不要忘记,对社会规范的偏离还违反了人们内在的社会理想,而我们每个人都有意识或无意识地怀有这种理想。

由于个体心理学积极强调把儿童对社会情感的态度看作是其发展的检测器,因而,个体心理学很容易确定和评价儿童的生活风格。因为一旦儿童遭遇到生活问题,他就会在这种考验情境中(就像被测试时)表现出是否准备充分。换句话说,我们可以从中看出他是否拥有社会情感,是否拥有勇气和理解力,是否追求对社会普遍有益的目标。然后,我们就会发现他向上努力的方式和节奏,发现他的自卑感的程度和社会意识的发展强度。所有这些交织在一起,相互关联,并形成一个有机的不可分裂的统一体。这个统一体是不可分割的,直到这个统一体被发现有缺陷和新的统一体重建为止。

第二章　人格的统一性

儿童的心理生活是件奇妙的事。无论我们接触到哪一点,都引人入胜,令人着迷。最为重要的也许就是这样一个事实,即如果我们想要理解儿童的某一特定行为,就必须首先了解其总体的生活史。儿童的每个活动都是他总体生活和整体人格的表达,不了解行为中隐蔽的生活背景就无从理解他所做的事。我们把这种现象称之为人格的统一性。

人格统一性的发展就是行动和行为手段协调成为一个单一的模式。这种发展从童年就开始了。生活的要求迫使儿童整合和统一自己的反应,而他对不同情境的统一的反应方式不仅构成了儿童的性格,而且还使他所有的行动个性化,从而与其他儿童相区别。

绝大多数的心理学派通常都忽视了人格的统一性,或即使没有完全忽视,但也没有予以应有的重视。结果,这些心理学理论或精神病学实践经常把一个特定手势或特定的表达孤立开来,似乎它们是一个独立的整体。有时,这种表达或手势被称为一种情结,其假设是,它们可以从个体的其他活动中被分割开来。这样的做法就像从一个完整的旋律中抽出一个音符,然后试图脱离组成旋律的其他音符来理解这个音符的意义。这种做法显然欠妥,但却相当普遍。

个体心理学认为自己应该站出来反对这种广为流行的错误做法。特别是这种做法涉入儿童教育,会造成不小的危害。这在关于儿童惩罚的理论中尤为明显。如果儿童做了招致惩罚的事情,通常将会发生什么呢? 的确,人们通常会考虑到儿童人格留给人们的总体印象,不过,惩罚对儿童常常是弊大于利。因为如果这个儿童经常犯此错误,教师或家长就会先入为主地认为他屡教不改。相反,如果这个儿童其他方面表现良好,那么,人们通常会由于这种总体的好印象而不会那么严厉地处置这个犯错误的儿童。不过,这两种情况都没有触及到问题的根源,即在全面理解儿童人格统一性的基础上,探讨这种犯错误的情况是如何发生的。这有点像脱离整个旋律的背景来理解某一单个音符的含义。

如果我们问一个儿童他为什么懒惰,那么,我们就不要期望他能够认识到我们想知道的根本原因;同样,我们也不要期望一个儿童会告诉我他为什么撒谎。几千年来,深谙人性的伟大的苏格拉底的话一直萦绕耳边:"认识自己是多么地困难!"同样理由,我们怎么能期望一个孩子能够回答这样如此复杂的问题呢? 回答这些问题对于心理学家也是勉为其难。了解个体某一行为表达的意义的前提是,我们要有方法能够认识他的整体人格。这个办法不是要去描述儿童做了什么和如何去做,而是要理解儿童对面临的任务所采取的态度。

下面这个例子将会说明了解儿童整体的生活背景是多么的重

要。一个 13 岁的男孩有两个妹妹。5 岁前,他是家里唯一的孩子,并且度过了这段美好的时光,直到他妹妹出生。在这段时间,他周围的每一个人都乐于满足他的每一个要求。毫无疑问,妈妈非常宠爱他。爸爸脾气好,爱安静,儿子依赖他,他感到高兴。孩子自然对妈妈更为亲近些,因为爸爸是个军官,经常不在家。他的母亲是一个聪明善良的女人。她总是试图满足这个既依赖而又固执的儿子的每一个心血来潮的要求。不过,当这个儿子表现出没有教养和胁迫性的态度和动作时,妈妈也经常感到生气。于是,母子关系也出现了紧张。这首先表现在他的儿子总是试图支配他的母亲,对她专横霸道,发号施令,一句话,他总是以各种讨厌的方式随时随地寻求引人注目。

虽然这个孩子给他妈妈制造了很多麻烦,但他的本性并不太坏。因此,妈妈还是依从他讨厌的态度和行为,还是帮他整理衣服,辅导功课。这个孩子总是相信,他的妈妈会帮他解决任何他面临的困难。毫无疑问,他也是个聪明的孩子,也像一般的儿童一样受到良好的教育。直到 8 岁那年,他在小学的成绩还相当不错。这时候他发生了一些明显的变化,使得父母对他难以忍受。他自暴自弃,无所用心,懒散拖沓,常使他妈妈盛怒不已。一旦妈妈没有给他想要的东西,他就扯妈妈的头发,不让妈妈片刻安宁,拧她耳朵,掰她的手指。他拒绝改正自己的行为方式,他的妹妹越大,他愈加固守自己的行为模式。小妹妹很快就成为他的捉弄目标。虽然他还不至于伤害妹妹,但是他的嫉妒之心是显而易见的。他的恶劣行为开始于他妹妹的诞生,因为从那时开始,妹妹成了家里的关注焦点。

需要特别强调的是，当一个孩子的行为变坏，或出现了新的令人不快的迹象时，我们不仅要注意这种行为开始出现的时间，还要注意它产生的原因。这里使用"原因"一词时应该小心，因为我们一般不会认识到一个妹妹的出生会是一个哥哥成为问题儿童的原因。但这种情况却经常发生。其原因在于这个哥哥对妹妹出生这件事的态度有问题。自然，这不是严格意义上的物理学因果关系，因为我们绝不能声称，一个孩子的行为之所以变坏，必然是因为另一个孩子的出生。但我们可以宣称，落向地面的石头必然会以一定的方向和一定的速度下落。而个体心理学所作的研究使我们有权宣称，在心理"下落"方面，严格意义上的因果关系并不起作用，而是那些不时产生的大大小小的错误在起作用。这些错误将会影响个体的未来成长。

毫不奇怪，人的心理发展过程会出现错误；而且这些错误和其结果密切相关，体现了个体错误的行为或错误的人生取向。问题的根源在于心理目标的确定：因为心理目标的确定和判断有关，而一旦涉及判断，就会有出现错误的可能性。目标的确定在童年早期就开始了。儿童通常在2岁或3岁就为自己确定了一个追求优越的目标。这个目标总是在眼前指引着他，激励他以自己的方式去追求这个目标。错误目标的确定通常是基于错误的判断。不过，目标一旦确定就不易改变，它会程度不同地约束和控制儿童。儿童会寻求以自己的行动落实自己的目标，他也会调整他的生活，以便全力以赴地追求和实现这个目标。

因此，孩子对事物的个体性的理解决定着他的成长，记住这一点很重要；如果儿童陷入新的困难处境时，他的行为会受制于自己已经形成的错误观念,认识到这一点同样也很重要。正如我们所知,儿童在情境中获得印象的强度和方式,绝不取决于客观的事实或情况(如另一个孩子的出生),而取决于儿童看待和判断事实或情境的方式。这是反驳严格因果论的充分依据:客观的事实及其绝对的含义之间存在着必然的联系,但是,客观事实和对事实的错误看法之间绝对不存在这种必然联系。

我们的心理最为奇妙之处,是我们对事实的看法,而不是事实本身,决定了我们的行动方向。这种心理情况特别重要,因为对事实的看法是我们行动的基础,也是我们人格建构的基础。人的主观看法影响行动的一个经典的例子就是恺撒登陆埃及的情况。当时恺撒踏上海岸时被绊了一下,摔倒在地。罗马士兵把这视为不祥之兆。如果不是恺撒(机智地)兴奋地张开双臂激动地喊道:"你属于我了,非洲",那么,罗马士兵肯定掉头返回了,虽然他们都英勇无畏。从中我们可以看出,现实自身的结构对我们行动所起的作用是多么的微小,现实对人的影响又是如何受到我们结构化的和整合良好的人格的制约和决定。大众心理和理性的关系也同样如此:如果在一个对于大众心理有利的环境中出现了人的健康的理性常识,这并不是说大众心理或理性是由环境决定的,而是体现了两者对环境的自发的看法一致。通常,只有当错误的或谬误的观点受到批判和分析的时候,才会出现理性常识。

让我们再回答小男孩的故事吧。我们可以想象,这个小男孩很快就会陷入困难境地。没有人再喜欢他,他在学校进步不大,他依然故我。他仍然不断地干扰别人,这是他人格的完整表现。接着会怎么样呢?每当他骚扰别人,他就会受到惩罚。他会被记录在案,或学校会向他父母寄送投诉信。若还是屡教不改,学校就会建议父母把这个孩子领回去,因为他显然不适应学校生活。

对于这种解决方法,小男孩可能比任何人都开心。别的解决办法他都不喜欢。他的行动模式的逻辑连贯性再次体现了他的态度。虽然这是一个错误的态度,但是,这个态度一旦形成,就不易改变。他总想成为众人注视的焦点,这是他所犯的一个根本错误。如果说他应该因犯错误而被惩罚,那么,他应该是因为这个错误(即想成为众人瞩目的焦点)而受到惩罚。由于这个错误,他总是不断地试图让母亲围绕他转;由于这个错误,他俨若君王,拥有绝对的权力达 8 年之久,直到他突然被黜夺了王位。直到他丧失自己的王冠之前,他只为他妈妈而存在,他的妈妈也只为他而存在。后来他妹妹出世了,挤占了他在家庭的位置,因此,他想拼命地夺回自己的王位。这又是一个错误。不过,我们必须承认,他的本性并不坏。只有当一个儿童面临他完全没有准备的情境,而且又没有人指导,他只能独自挣扎着去应付时,这种恶劣的行为才会出现。我们这里可以举个例子。如果一个小孩只习惯别人把注意力完全放在自己身上,突然面临一个完全相反的情境:这个孩子开始上学,而学校里的老师对所有学生一视同仁。如果这个小孩要求教师给予更多的关注,那么他自然会惹怒老师。对于一个娇惯但一开始还不那么恶劣和不可救药的儿童来说,这种情境显然是太危险了。

因此,我们很容易理解和解释这个案例中的小男孩个人的生活方式与学校所要求和期待的生活方式之间所发生的冲突。我们可以用图示的形式来描述这种冲突,即如果我们可以用图来标示儿童人格的方向和目的与学校所追求的目的,我们会发现它们之间是不一致,甚至相反。儿童生活中的所有活动,都为其自身的目的所决定;因此,他的整体人格不允许偏离他的目的。另一方面,学校则期望每一个孩子都有正常的生活方式。因此,两者之间产生冲突就不可避免了;不过,学校方面则忽视了这种情境之下的儿童心理,既没有体现出管理上的宽容,也没有采取措施设法消除冲突的根源。

我们知道,这个小男孩的生活为这样一个动机所控制:让母亲为他服务、操劳,而且只为他一个人服务、操劳。他的心理完全萦绕着这样一种盘算:我要控制母亲,而且要独占她。而学校对他的期望则完全相反:他必须独立学习,整理好自己的课本和作业。人们形象地称这种情况类似给一头烈马的脖子套上一辆马车。儿童在这种情形下,自然表现不是最好。不过,如果我们理解了儿童的真实处境,我们就会对他表现出更多的同情。惩罚是没有意义的。惩罚只能加剧孩子认为学校不是他理想之所的想法。如果他被学校开除,或被要求父母将他带走,那他会感到正中下怀。他错误的感知图式就像一个陷阱,把自己给陷进去了。他觉得自己获得了胜利,他现在可以真正地把母亲置于自己的权力之下。母亲必须重新专门为他效劳,这正是他孜孜以求的。

如果我们明白了真实的情形,我们就不得不承认,对孩子的这样或那样的错误予以惩罚,几乎没有什么意义。例如孩子上学忘记带书本(如果他没有忘记,才倒是一个奇迹),因为如果他忘记了什么,他母亲就要为他操心。这绝不是一个孤立的行为,而是其总体人格图式的一部分。如果我们记住,一个人的人格的所有表现都是相互关联,并形成一个整体,那么,我们就会认识到这个小男孩的行为完全是与其生活方式相一致的。孩子的行为与其人格相一致这一事实也同时在逻辑上驳斥了这样一种假设,即孩子不能胜任学校的任务,就是因为他智力迟钝。一个智力迟钝的人是不可能一贯地按照自己的生活方式而行事的。

这一案例还告诉我们,在某种程度上,我们所有人都与这个小男孩的处境类似。我们自己的生活方式以及对生活的理解从来就不是与社会传统完全和谐一致的。过去,我们曾把社会传统视为神圣而不可背弃的,现在我们已认识到,人类的社会制度和风俗,并无什么神圣之处,也并不是永恒不变的。相反,它们总是处于不断发展变化的过程中,其中发展的推动力就是社会中个体的不断的斗争和抗争。社会制度和习俗是为个体而存在,而不是相反。的确,个体的救赎存在于他的社会意识之中,不过,这并不是说,我们就可以强迫个体接受千篇一律的社会模式。

对于个体和社会之间关系的这种思考,是个体心理学的基础,同时,对于学校系统和学校中适应不良的学生的处理,有着特殊的意义。学校必须学会把儿童视为一个具有整体人格的个体,一块有待琢磨和雕饰的璞玉。学校还必须学会运用心理学的知识和认识来对特定的行为进行评价和判断。学校不能把特定的行为视为一个孤立的音符,而是要把它视为整个乐章的组成部分,即整体人格的组成部分。

第三章　追求优越及其对教育的意义

除了人格的统一性，人性的另一个最重要的心理事实就是人们对优越感和成功的追求。这种追求自然是与人的自卑感有着直接的联系。如果我们没有感受到自卑，或处于"下游"，我们就不会有超越当下处境的愿望。追求优越和自卑感是同一心理现象的两个方面。为了表述的方便，这里把它们分开来讨论。本章将要讨论追求优越及其对教育的意义。

首先，人们可能要问，追求优越是否和我们的生物本能一样是与生俱来的。对此，我们的回答是，这是一个不大可能成立的设想。我们确实不认为追求优越是与生俱来的。不过，我们必须承认，追求优越具有一定的生物基础，这种基础存在于胚胎之中，并具有一定的发展可能性。也许这样来表达更为恰当，即人在其本性上是与追求优越密切相关的。

当然，我们知道，人的活动是局限在一定的范围内的。有些能力，人是不可能发展的。例如，我们不可能达到狗的嗅觉能力，我们的肉眼也不能看到紫外线。不过，我们拥有某些可能继续发展和培养的功能性的能力。我们可以从这些能力的进一步发展中看到追求优越的生物学前提，也可以从中看到个体人格的心理展开的源泉。

正如我们所认识到的那样，这样的一种在任何环境下都追求优越的强劲冲动，儿童和成人都有，不可泯灭。人的本性忍受不了长期的低下和屈从；人甚至摧毁了自己的神祉。被轻视和被蔑视的感觉、不安全感和自卑感总是会唤醒人登攀高一级目标的愿望，以获得补偿和臻于完美。

我们可以表明，儿童的某些特征是环境力量的结果。儿童在某种环境中，感受到了自卑、脆弱和不安全，而这些感觉反过来又对儿童的心理产生了刺激作用。儿童便下决心摆脱这种状态，努力达到更好的水平，以获得一种平等甚至优越的感觉。孩子这种向上的愿望越强烈，他就越会调高自己的目标，从而证明自己的力量。不过，这些目标常常超越人的能力界限。由于儿童少时能够获得来自不同方面的支持和帮助，因而便刺激儿童设想自己未来会成为一种类似上帝的人物。我们发现，儿童自己也会被一种成为类似上帝的人物的想法所控制。这通常会发生在那些自我感觉特别脆弱的儿童身上。

这里我们以一个心理问题严重的 14 岁小男孩为例，来说明上述情况。在要求他回忆童年的印象时，小男孩说，他在 6 岁的时候因不会吹口哨而极为伤心。不过，有一天当他走出房间时，他突然会吹了。他极为震惊，并真心相信这是上帝附身的结果。这个案例清晰地表明，脆弱感和想象自己是个上帝式的大人物之间存在着内在联系。

渴望优越是与一些明显的性格特征联系在一起的。我们可以通过观察一个孩子对优越的渴望来揭示他的全部野心。如果这种自我肯定的愿望过于强烈，那么他总会表现出一定的嫉妒心。这种类型的儿童很容易染上希望其竞争对手遭受各种可能厄运的心理。他不仅怀有这种阴暗心理（这经常会引起神经疾病），而且还会给对手制造伤害，带来麻烦，甚至表现出十足的犯罪特征。这样的孩子会造谣中伤，泄露隐私，贬损同伴，以抬高自己的价值，特别是有他人在场看着他的时候。他误以为没有人能够超过他，因此，他是抬高自己的价值，还是贬损他人的价值，这并不重要。如果这种权力欲望过于强烈，他就会表现出恶毒和报复心理。这种孩子总是表现出一副好斗和挑衅的架势，他们眼露凶光，突然发怒，随时准备和想象中的对手搏斗。对于这些渴求优越的孩子来说，参加一场考试是非常痛苦的事情，因为这会轻而易举地暴露他们的无价值。

　　这个事实表明，考试必须适应学生的特点。考试对于每个学生绝不意味着相同的事情。我们经常会发现，考试对于有些学生，是一件极为艰苦和困难的事情，他们的脸色一会儿白，一会儿红，言语结巴，身体颤抖，又惧又怕，大脑一片空白。有些学生则只能与别人一起回答问题，而不能单独回答问题，因为他们害怕别人看着他。儿童追求优越的心理也同样表现在游戏之中。例如，在玩马车的游戏里，如果其他的儿童扮演车夫，那么那些具有强烈的追求优越心理的儿童，则不会愿意扮演马匹角色，而总是想去扮演车夫，成为领导者，决定马车的前进方向。如果他们过去的经验妨碍其担当这个领导（车夫）角色，他们就会以扰乱其他人的游戏为乐。此外，如果他们接二连三地受挫，并因此丧失了勇气，窒息了雄心，那么，他们在面临新的情境时，就会退缩，而不是勇于向前。

那些雄心勃勃、尚未气馁的儿童，则乐于参与各种可能的竞争性的游戏。不过，我们会看到，他们在遭受挫折时也会表现出惊恐和不知所措。我们可以从孩子喜欢的游戏、故事和历史人物看出他们自我肯定的方向和自我肯定的程度。我们也会看到有些成人崇拜拿破仑。对于这些雄心勃勃的成人来说，拿破仑当然是一个至为恰当的偶像楷模。沉溺于妄自尊大的白日梦，总是强烈自卑心理的标志。这种心理驱使这些体验失望和遭受挫折之人在现实之外去寻找精神上的满足和陶醉。类似的情况也经常出现在梦境之中。

如果进一步考察这些儿童追求优越的不同方向，我们可以把它们分为若干种类。当然，这种区分不可能很精确，因为儿童在追求优越方面差异太大，而我们主要是借助儿童表现出来的、对自己的信心来进行区分。那些心理健康的儿童会把自己对优越的追求转向发展有用的能力；他们试图取悦教师，注重整洁和秩序，从而发展成为一个正常的学生。不过，经验告诉我们这样的儿童并不占大多数。

另一些孩子则总想优于别人，把这作为努力的首要目标，并表现出一种令人生疑的执着。通常，这种追求优越夹杂有过分的雄心。但是，这点通常被人忽视。因为我们习惯把雄心视为一种美德，并激励孩子多做努力。这是一个错误，因为过分的雄心会妨碍孩子的正常发展。雄心过度就会给孩子带来紧张心理。短时间，孩子尚能承受，不过，时间一长，这个压力对孩子来说就太大了。这样一来，孩子就会花太多的时间在书本上，而忽视了其他活动。

这种孩子通常会回避其他问题，受自己膨胀的雄心驱使，他们总想在学校名列前茅。对于这样的发展，我们很难感到满意，因为在这种情况下，儿童的身心不可能获得健康发展。

这种儿童把他们的生命目标仅仅局限在超越别人，并由此来安排他们的生活，这对他的正常发展并不十分有利。我们要不时地提醒他们不要花太多的时间在书本上，要经常出去走动，呼吸新鲜空气，多与同伴玩耍，关注其他的事情。当然，这类孩子同样不会占大多数，但却经常出现。

此外，还会出现在同一个班级的两个学生暗中较劲的情况。如果有机会对此进行仔细观察，我们会发现，这两个相互竞争和较劲的儿童会形成一些并不那么令人喜欢的性格特征。他们会表现出既妒忌又羡慕的性格，而独立的、和谐的人格则不会拥有这种品质。他们看到别的孩子取得成功，会感到恼怒不已。当其他人处于领先位置时，他们就开始有头疼、胃疼之类的毛病。当其他的孩子受到赞扬时，他们会愤怒地走开。当然，他们也从不会称赞别人。这种妒忌表现并未充分反映出这类孩子的过分雄心。

这种类型的孩子尤其不能和玩伴友好相处。在玩游戏时，他总想扮演领导者的角色，也不愿意遵守一般的游戏规则。这样做的结果就是他们在集体活动中体会不到乐趣，并以高傲的态度对待同班同学。跟同学的任何接触，都会令他们不快，因为他们认为，跟同学接触越多，他们的地位就越不安全。这种类型的儿童对自己的成功从来没有信心。当他们感到自己处于不安全的环境之中时，他们极易方寸大乱，不知所措。别人对他们的期待和他们自己加之于自己的期望，对他们来说实在是太大了，他们难堪重负。

这些儿童会敏锐地感受到家庭对他们的期望。对于任何一个加之于他们之上的任务,他们都怀着激动和紧张的心情去加以完成,因为他们总想超过别人,总想成为"众人瞩目的人物"。他们担当着希望的重负,而且只要环境有利,他们就愿意承担着这种重负前行。

如果我们人类掌握了绝对真理,掌握了可以使儿童免除上面所描述困难的完美方法,那么,我们也许就不会有问题儿童了。既然我们不能拥有这样的完美方法,既然我们也不能为儿童创设理想的学习环境,那么,很显然,上面所描述的、对这些孩子有害的期望就是一件异常危险的事情。这些孩子遇到困难的感受完全不同于那些拥有健康期望的儿童对困难的感受。我这里所说的困难是指不可避免的困难。让儿童避开困难是不可能的,而且似乎永远不可能。这部分是因为我们的教育方法并不适合每个儿童,需要改进,需要不断地改进;这另一方面是因为过分的雄心会葬送儿童对自我的信心。他们丧失了面对困难和解决困难的勇气,而勇气却是解决困难所必需的。

雄心过大的儿童只关心最终的结果,即人们承认他的成绩。没有别人的承认,他们就不会对自己感到满足。正如我们所知,在很多情况下,面对问题的出现,保持心理平衡远比认真着手解决问题更为重要。一个只关心结果、雄心过大的儿童认识不到这一点。他感到,没有别人的认可和崇拜,他就没法生活下去。这种心理依赖和过于看重别人评价的儿童,其数不在少。

我们可以从那些天生有器官缺陷的儿童身上看到,不对价值问题丧失平衡感是何等重要。此种例子比比皆是。许多儿童身体的左半部要比右半部发育得更好,人们很少知道这一点。在我们这个右撇子的文化中,左撇子儿童遭遇到了很多困难。我们会发现,几乎毫无例外的是,左撇子儿童在书写、阅读和绘画方面困难异常,一般在运用手的方面显得笨拙,不够灵活,似乎他们有"两只左手"。我们需要借助一定的方法来确定儿童是左撇子,还是右撇子。一个简单、但不完全的办法是要求儿童双手交叉。左撇子儿童会把左大拇指放在右大拇指上面。我们会惊奇地发现,竟然有这么多人是天生的左撇子,而他们自己却不知道这一点。

　　如果我们对大量左撇子儿童的生活史加以研究,我们就会发现这样一些事实:首先,这些儿童通常都曾被视为笨拙(在我们这个以右手为主的世界中并不奇怪)。要体会个中情形,我们只需想象一下习惯右道行使的我们在一个左道行使的城市(如在英国或阿根廷)试图开车穿越街道时的不知所措。左撇子儿童的情况要比这更糟,如果家庭其他所有成员都是右撇子的话。他的左撇子不仅给他自己的生活带来困难,也干扰了家人的生活。当在学校学习写字时,他在这方面的能力要低于平均水平。因为其中的原因并没有被认识到,因此,他受到斥责,得到较低的分数,并经常受到惩罚。在这种情况下,左撇子儿童只能把这理解为他在某些能力方面不如别人。他会感觉被贬损和蔑视,感到自卑或没能力与别人竞争。他在家里同样会因笨拙而受到斥责,这就更加重了他的自卑。

　　当然,左撇子儿童不会因此而一蹶不振。不过,我们会看到许多儿童在类似的情形下放弃了努力。他们不明白自己真实的处境,也没有人向他们解释如何去克服困难,因而继续努力和掌控自己的处境会有相当的难度。许多人字迹潦草难以辨认,也可归于上述这些原因;他们从未充分地训练过自己的右手。事实上,这方面的困难是可以克服的:在许多一流的艺术家、画家和雕塑家当中,很多人是天生的左撇子。他们通过强化训练,获得了善用右手的能力。

有一种迷信认为,天生的左撇子如果通过训练来使用右手,就会说话结巴。这可能是由于左撇子儿童有时面临的困难太大,以至于丧失了说话的勇气。这也是为什么具有其他心理问题者(如神经症患者,自杀者,罪犯,性变态者等)中有很多是左撇子。但另一方面,我们也会经常看到,那些克服了左撇子困难的人士也可以取得成就和尊严,这通常发生在艺术领域。

尽管左撇子特征本身意义不大,但它却告诉我们,除非我们努力使孩子的勇气和毅力发展到一定的程度,否则我们就无从判断孩子的能力和潜力。如果我们吓唬他们,夺走他们对美好未来的希望,那么,他们固然也能够继续生活下去,但如果我们鼓励他们的勇气,那么,这种儿童就会取得更多更大的成就。

雄心过度的孩子之所以处境艰难,是因为人们常常以外在的成功来评判他们,而不会根据其面对困难和克服困难的能力来评价他们。在当今世界,人们更为关注可见的成就,而不看重全面和彻底的教育。我们知道,那种不经努力获得的成功是容易消逝的。因此,训练孩子野心勃勃并无益处。相反,更为重要的是培养孩子的勇敢、坚忍和自信,要让他们认识到,面对挫折不能气馁,不能丧失勇气,而是要把挫折当作一个新的问题去解决。当然,如果教师能够判断孩子在某个领域的努力是否有希望,能够确定孩子是否尽了最大的努力，那么，这对于孩子的成长和发展就更为有利一点。

正如我们所看到的那样，孩子对优越感的追求会体现在他的某一性格上面，例如争强好胜。这些孩子对优越感的追求最初表现为争强好胜，不过，由于其他儿童已经远远走在了前面，超越他们已经似乎不可能了，争强好胜者最后便放弃了争强好胜。

许多教师采取非常严厉的措施，或给较低的分数来对待那些他们认为没有表现出足够雄心的学生，希望以此来唤醒他们沉睡的雄心。如果这些孩子仍然还有某些勇气的话，这种方法也可能短时间奏效。不过，这种方法不宜普遍使用。那些学习成就已经跌近警戒线的孩子会被这种方法弄得完全不知所措，会因此而堕入明显的愚笨状态。

但是，如果我们能以温和、关心和理解来对待这些孩子，他们则会令人吃惊地表现出一些我们意想不到的智力和能力。以这种方式转变过来的孩子通常会表现出更大的雄心，其中的原因很简单：他们很害怕回到原来的状态。他过去的生活方式和无所作为成为警示信号，不断地鞭策着他们前行。在后来的生活中，他们中的许多人就像着了魔似的，完全变了个样子；他们夜以继日，饱尝过度工作之苦，但却认为自己做得还不够。

如果还能想起个体心理学的基本思想，即个体的人格（包括成人和儿童）是一个统一体，这种人格的行为表现和个体逐渐形成的行为模式是一致的，那么，上面所有的一切就变得清晰了。脱离行为者的人格来判断他的某一行为是没有意义的，因为每个行为都可以从多个方面来进行解释。如果我们把学生的一个特定行为或态度，比如上学拖延理解为他对学校布置的任务的不可避免的反应，那么，对这个具体行为进行判断的不确定性就荡然无存了。孩子的这种反应仅仅意味着他不想上学，也不想努力完成学校的任务。事实上，他会想尽办法不遵从学校的要求。

从这个观点出发，我们就可以理解所谓的"坏"孩子到底是怎么回事。孩子之所以不想上学，是因为他追求优越的心理没有转化为学校的要求，而是表现为对学校要求的拒绝。于是，他表现出一系列行为症状，逐渐堕入不可救药的境地，甚至不仅没有进步，还在退步。他越来越乐于成为一名小丑，不断地捣蛋戏谑，引人发笑，除此之外，无所用心。他还会激怒和招惹同学，旷课逃学，或与社会上不三不四的人打成一片。

因此，可以看出，我们不仅掌握着学生的命运，而且还决定着他们的未来发展。学校教育对个体的未来生活起着决定性的作用。学校处于家庭和社会之间，它有可能矫正孩子在家庭教育中受到的不良影响，也有责任使他们为适应社会生活作好准备，并确保他们在社会的这个大乐队中和谐地"演奏"好自己的角色。

从历史的角度来考察学校的作用，我们就会认识到，学校总是试图按照各个时代的社会理想来教育和塑造个体。学校在历史上曾经先后为贵族、教士阶层、资产阶级（即中产阶级）和平民服务，也总是按照特定时代和统治阶层的要求来教育儿童。今天，为适应变化了的社会理想，学校也必须作出相应改变。因此，如果今天的理想人是独立、自我控制和勇敢的人，那么学校就得作出相应调整，以培养接近这种理想的人。

换句话说，学校不能把自身视为目的。学校必须清楚，它是在为社会,而不是在为自己教育学生。因此,学校不应该忽视任何一个放弃成为理想学生、模范学生的儿童。这些学生追求优越感的心理并不必然弱于那些正常的儿童。他们只不过把注意力转移到去做其他不需要太多努力的事情上去了。他们相信,这些事情比较容易获得成功,且不管这种相信是对还是错。这可能是因为他们早年曾无意识地在这些领域进行过摸索,并获得过成功。因此,虽然他们不能在数学上取得优异成绩,不过,他们可以成为运动场上的健将。教师千万不要轻视孩子在这些方面的成绩,而是要把这种成绩当作教育的突破口,鼓励学生在其他领域追求同样的进步。如果教师一开始就从孩子某一方面的长处出发,鼓励他们,相信他们可以在其他领域取得同样的成绩,那么,教师的任务就大为轻松了。这犹如把孩子从一个硕果累累的果园引入到另一个硕果累累的果园。因此,既然所有的孩子(弱智儿童除外)都具备取得学业成功的能力,那么,学校所要做的只是克服那些人为设置的障碍。这些人为的障碍之所以产生,是因为学校把抽象的学业成绩,而不是把教育的最终目的和社会目的作为评判标准。从学生方面来看,这些障碍还反映了学生缺乏自信,因此,他们对优越感的追求便偏离了对社会有益的活动,因为在这些对社会有益的活动中,他们难以获得他们所孜孜以求的优越感。

在这种情况下,儿童会怎么做呢?他会想到逃避。我们经常会发现,这些孩子会做出一些特别的行为,如顽固和无礼,这些行为自然不会赢得教师的赞扬,但却可以吸引教师的注意和其他孩子的崇拜。他们因此会把自己视为了不起的英雄人物。

这些心理表现和偏离规范的行为是在作为心理准备情况检验

地的学校中暴露出来的。它们的根源并不都在学校，尽管它们的确是在学校才露出端倪。从积极的意义上来说，学校对于这些问题负有教育和校正的任务，从消极的意义上来说，学校只是孩子早期家庭教育弊端暴露的场所而已。

一个观察敏锐的称职的教师会在小孩入学的第一天就能观察到很多东西。因为很多儿童会马上暴露出受到过分溺爱的迹象，他们觉得新环境（学校）给他们带来了痛苦和不适。这种孩子没有与人打交道的经验，尤为重要的是，他们不愿或不能获得友谊。孩子在入学之前最好已拥有一些如何与人交往的知识。他不能只依赖一个人，而把其他人排斥在外。孩子家庭教育的弊端必须在学校得到矫正，当然，最好是没有弊端。

对于这些在家庭被过分溺爱的孩子，我们不要期望他们马上就能专心于学校的学习。他不可能很专心。他宁愿呆在家里，也不愿上学。事实上，他没有"学校意识"。小孩厌恶上学的迹象是很容易发现的。例如，父母每天早上都要哄劝小孩起床，催促他做这做那；小孩吃早饭的时候磨磨蹭蹭，等等。看上去小孩已经为自己的进步构筑一条不可逾越的障碍。

矫正这种情况和解决左撇子问题一样：我们必须给予他们时间去学习和改变。如果他们上学迟到，我们也不能惩罚他们，因为这只能加强他不喜欢学校的感觉。惩罚只能让孩子更加认定他不属于学校。如果父母责罚孩子，强迫他上学，那么孩子不但不愿上学，而且还会寻找方法来应对自己的处境。当然，这些方法就是为了逃避困难，而不是面对和解决困难。我们可以从孩子的每个动作和行为中看出他厌恶学习，无力解决学业问题。他的书本从不在一块,总是忘记或丢失它们。如果我们看到一个孩子经常忘记或丢失书本,完全可以肯定,他在学校并不如意。

如果进一步考察这些孩子,我们几乎总会发现,他们对获得哪怕是最微小的学业成功都不抱希望。他们这种自我低估并不完全是自己的责任。周围的环境对于他们走入这条错误之途也起着推波助澜的作用。家人在发怒的时候可能会预言说他们前景暗淡,骂他们愚笨或无用。他们在学校感到似乎是在证实这些预言或谩骂,他们也缺乏判断能力和分析能力(他们的长辈也同样缺乏这些能力)来纠正这种错误看法和预言。因此,他们甚至在做出努力之前,就已经放弃了努力。他们把由他们自己造成的失败视为不可克服的障碍,并把它们视为自己无能和不如别人的证明。

错误一旦发生,矫正的可能性就很小。这些儿童尽管做出明显努力却通常还是落在别人后面,因此,他们很快就会放弃努力,并把自己的脑筋转向寻找借口来解释他们为什么旷课上面。旷课,也就是逃学,通常被视为一件非常严重和非常危险的劣行,是要受到严厉责罚的。于是,孩子会认为自己被迫使用诡计、造假来蒙骗父母和老师。不过,还有其他一些使他们在错误的道路上越走越远的手段。他们会伪造家长签字,篡改成绩报告单。他们会向家里编造一系列他们在学校所作所为的谎言,而他们实际上已经逃学好长一段时间了。在学校上课期间,他们会寻找藏身之地。不屑说,他们会和其他已经逃学一段时间的孩子躲在一起。由于逃学,他们追求优越的心理就无法满足。这就驱使他们采取新的行动,确切地说,就是违法行动,来追求优越感。这样一来,他们一个错误接着一个错误,最后走向了犯罪。他们最终会结成团伙,开始盗窃,沾上性倒错行为,并觉得他们已经成人。

一旦他们开始迈出这么一大步,他们就会寻求新的方法来满足他们的野心。只要他们的行动没有被发现,他们就觉得他们可以做出最大胆的罪行。他们会一意孤行地沿着这条路走下去,因为他们认为他们在别的方面不可能取得成功。他们不会考虑去做任何富有建设性和有益的事情。受同伙行为不断刺激的野心,驱使他们做出非社会的和反社会的行为。我们可以发现,一个有犯罪倾向的孩子同时也极端自负。这种自负和野心有着同样的根源,它迫使这种孩子不断以这种或那种方式来突出和显示自己。当他们不能在生活中的积极方面寻得一席之地的时候,他们就会转向生活中的消极方面。

我们来看一个杀死教师的男孩的案例。通过对这个案例的进一步调查,我们会发现这个男孩具有上述所有的性格特征。负责管教这个小男孩的是一名女教师,她认为自己很了解心理活动的表达和功能。这个小男孩在一个受到精心看护却又太过紧张的气氛中长大。这个小男孩丧失了对自己的信心,因为曾经心比天高,却一无所成,也就是说,现在已完全地灰心气馁了。学校和生活都满足不了他的过高期望,他便转而违法犯罪,以此来摆脱教师和教育治疗专家的控制。因为社会至今还没有设立一种可以把犯罪,特别是青少年犯罪当作教育问题来处理的机构,换句话说,就是当作心理矫正的问题来处理的机构。

从事与教育有关的工作者都熟悉这样一个值得注意的事实,即我们经常会在教师、神父、医生和律师家里发现败坏和任性的孩子。这种情况不仅发生在职业声望不高的教育者家庭,而且还会发生在那些我们认为是重要人物的家庭。尽管他们拥有较高的职业权威,不过,他们似乎没有能力为自己家里带来和平与秩序。对于这种现象的解释是,在所有这种家庭里,某些重要的观点不是被完全忽视了,就是完全没有被理解。其中的部分原因是这些作为教育者的父亲借助他们自以为是的权威把一些严格的规则和规定强加给他们的家庭。这样一来,他们就异常严厉地压迫了自己的孩子,威胁到孩子的独立,甚至剥夺了他们的独立。他们似乎在孩子身上唤起了一种反抗的情绪,唤起了孩子对记忆中责罚他们的棍棒的报复。我们要记住,父母刻意的教育会使他们特别关注和监视自己的孩子。在绝大多数的情况下,这是件好事。不过,这也经常使得孩子总想处于被关注的核心。这样一来,这些孩子易于把自己视为一种用来展示的试验品,并认为他人应对此承担责任,因为他人是决定和操纵的一方。这些孩子认为,其他人应该为他们克服一切困难,唯独他自己不负任何责任。

第四章　追求优越感的引导

　　我们知道，每个孩子都追求优越感。父母或教师的任务就是把这种追求引向富有成就和有益的方向。教育者必须确保孩子对优越感的追求能给他们带来精神健康和幸福，而不是精神疾病和错乱。

　　如何才能达到这一点呢？区分有益的和无益的优越感追求的基础又是什么？答案是，这个基础就是看它是否符合社会利益。我们很难想象一个值得称道的成就与社会无关。想一想那些我们认为是高贵、高尚和有价值的伟大行为吧，它们不仅对于行为者自身，而且对于社会也同样具有价值。因此，教育孩子就是要培养他这种社会情感，或者说，要加强孩子认识与社会一致的意义。

　　那些不懂得社会情感为何物的孩子将会成为问题儿童。这些儿童对优越感的追求还没有被引向对社会有益的方面。

　　确实，对于什么才是对社会有益，人们的看法差异巨大。不过，有一点是肯定的，我们可以从一个树所结的果实来判断这棵树。我们可以从某一行为的结果来认识它是否对社会有益。这也意味着，我们还必须把时间和效果考虑进来。一个行为必须切合现实的逻辑,而且其切合的程度必须显示出这个行为对于社会需要和社会利益的关联程度。事物的普遍结构是对行为进行价值判断的标准。行为的结果与这种标准是一致还是冲突迟早会水落石出。幸运的是,我们在日常生活中并不总是需要运用复杂的评价技术来对某一行为结果进行判断。对于政治变革、社会变迁及其效果等,我们一时很难看清,争论的空间也足够大。不过,在民族生活和个体生活领域中,特定行为的效果最终会显示出这些行为是有益、正确的,还是无益、错误的。从科学的立场来看,我们绝不能把某种行为看成是对所有人都是善的和有益的。因为这关乎绝对真理,关乎对人生问题的正确解决,而人生问题是受地球、宇宙和人的关系的逻辑制约的。这种客观宇宙和人类宇宙的制约就像一道数学题摆在我们面前,尽管我们未必能够解决它,不过,答案就隐藏在问题自身之中。我们只有参考问题和问题解决的背景来对解决方法进行探讨,才能判断这种解决方法的正确程度。可惜的是,我们检验某种解决方法的时机有时会姗姗来迟,以致我们不再有时间去纠正某个错误。

由于人们不能从一种逻辑的和客观的观点来审视自己的生活结构,他们中的绝大部分不能理解自己行为模式的关联和一致性。一旦问题出现,他们就会陷入恐慌,而不是想去面对和解决问题。他们会认为他们走错了路,所以才会出现问题,才会犯错误。对于孩子来说,必须记住,如果他们偏离了对社会有益的方向,他们就不能从消极的经验中获得积极的教训,因为他们完全不理解问题的意义。因此,有必要教育儿童不要把他们的生活看作是一系列相互不关联的事件,而是要把自己的生命视为一种贯穿所有相互关联的事件的线索。任何事件的发生都离不开他的整体生命的背景，而且只有参照所有既往的事件才能得到理解。儿童只有理解了这一点，他才能够洞彻他偏离正道的原因。

在对有益的和无益的优越感追求的差异作进一步探讨之前，这里应当首先对一种似乎与我们的理论相矛盾的行为进行探讨。我这里指的是懒惰行为。乍看起来，懒惰似乎与"所有儿童天生就有一种追求优越的心理"的观点相矛盾。实际上，我们之所以责备懒惰的儿童，就是因为他们没有表现出追求优越和富有雄心。不过，如果仔细考察这些懒惰儿童，我们就会认识到普遍流行的观点是错误的。原来懒惰的儿童正在享受懒惰的好处哩！懒惰的儿童无需背负别人对他的期望；他即使无所建树，也会在一定程度上得到人们的原谅；他无需努力，总表现出一种无所谓和闲散的样子。不过，他的懒惰却使他成为人们关注的对象，最起码他的父母得为他操劳。想想看，有多少孩子为了引起别人注意而不惜代价。这样我们就会明白，这些孩子为什么想通过懒惰来达到引人注意的目的。

当然，心理学对懒惰的解释并不全面。许多儿童之所以懒惰，是为了缓解他们的处境。这样他们就可以总是把目前的无能和无所成就归咎于懒惰。人们很少指责他们能力不够；相反，孩子的家人通常会说："如果他不懒惰，他什么都能干！"孩子对这种说法沾沾自喜，因为它对缺乏自信的孩子来说是一种安慰。此外，这种说法还成了一种成就补偿，这对孩子和成人都同样如此。这个富有欺骗性的"如果句式"——如果他不懒惰，他什么都能干——使得他的毫无成就感变得尚可忍受。一旦这个孩子真的取得点什么成就,这些成就会在他们心目中具有了特别的意义。这种些微的成就与他之前的毫无建树形成鲜明对比,并因此受到人们的赞扬。而其他那些一直埋头努力的孩子虽然取得了更大的成绩,受到的赞扬反而更少。

可以看到,在懒惰的背后通常隐藏着一种未被揭示的"权谋"。懒惰的孩子就像走钢丝者,下面总是张着保护网,这样他们即使掉下去,也不会受伤。人们对于懒惰者的批评总比其他的孩子要温和得多,因而也不会强烈地伤害他们的自尊。说他们很懒要比说他们无能,对他们的伤害显然会小一点。简言之,懒惰是那些缺乏自信的人的一种屏障,但同时也阻碍了孩子着手去解决他所面临的问题。

我们只要考察一下当前的教育方法,就会发现这些方法恰好满足了懒惰孩子的希望。人们越是责备一个懒惰的孩子,就越是正中他的下怀。因为人们要整日为他操心,喋喋不休的责骂转移了人们对他的能力问题的关注,而这正是他所满心期望的。惩罚对他也具有同样的效果。教师总是相信惩罚可以使他改正,但他们总是以失望而告终。即使是最严厉的惩罚也不能使一个懒惰的孩子变得勤快起来。

如果孩子真的发生了转变,那也只是他处境变化的结果。例如,这个孩子意外地取得了某一成功,或者原来严厉的教师不再教他,新的教师比较温和,理解他,认真与他谈话,给了他新的勇气,而不是削弱和打压他已所剩无几的信心。在这种情况下,孩子会突然变得勤快起来。我们经常会遇到一些孩子在入学头几年学业停滞不前,但换了一个新的学校后却异常的勤奋和努力,这是因为学校环境改变了。

有些孩子不是采用懒惰的方法,而是采用装病来逃避学校的学业任务。有些孩子则在考试期间表现的异常紧张,因为他们认为他们会因为紧张而受到某些照顾。同样的心理还表现在爱哭的孩子身上:哭喊和精神紧张都是他们获取特权的借口。

还有些由于某种缺陷而要求特殊照顾的儿童也属于上述这种心理类型,比如口吃。接触过很多儿童的人都会注意到,几乎所有的儿童在开始说话的时候,都有些轻微的口吃。正如我们所知,儿童说话能力发展的快慢是受多种因素影响,其中首要的因素是儿童社会情感的发展程度。和那些社会意识较弱、不愿与人接触的儿童相比,社会意识较强、乐于与别人交往的儿童的说话能力发展得会更快一些,也更容易一些。我们知道,在有些场合,孩子根本不用瞎说话,说话是多余的。例如,有些被过分保护和溺爱的儿童往往在他有机会说出自己的愿望之前,他们的家人就已经猜到并满足了他们的要求(就像人们对待聋哑儿童那样)。

如果有些孩子在4岁或5岁的时候还没有学会说话,家长便开始担心和忧虑孩子是否有聋哑病。不过,他们很快就会发现,孩子的听觉能力很好,这自然就排除了聋哑病的可能。另一方面,人们会注意到这些儿童确实生活在一个“说话是多余”的环境之中。如果我们把一切都放在“银盘子”里,给这些孩子奉上,那么他们显然就不会感到开口说话的迫切需要了,自然也就很迟才学会说话。孩子的语言体现了他们对优越感的追求和这种追求的方向。因此,儿童需要用语言来表达自己对优越感的追求,不管这种表达是用来愉悦父母,还是用来满足自己的自然需求。如果这两种方式都不可能,那么,我们自然就会想到孩子语言能力的发展是否出现了困难。

我们还会遇到一些有其他语言障碍的儿童,例如,他们不能正确发 R、K 和 S 等辅音。所有这些语言障碍都是可以矫治的。值得思考的是,有许多成年人口吃、咬舌,或者吐字含混不清。

绝大多数儿童随着年龄增长,口吃会逐渐消失。只有一小部分孩子需要接受治疗。治疗过程的困难,我们可以从一个 13 岁男孩的案例中得到说明。男孩在 8 岁的时候开始接受治疗。治疗持续了一年,但并不成功。在接下来的一年里,这个男孩没有接受专业治疗。后来又请了一名医生,不过,经过一年的治疗仍没有根除这个男孩的口吃。第四年没有进行治疗。第 5 年的前两个月,又有一个语言教育家来对男孩进行治疗,不过,情况不但没有好转,反而更糟。一段时间以后,这个男孩又被送到专门的机构去治疗他的口吃。两个月后治疗先是富有成效,但 6 个月后,口吃又复发。

这个男孩后来又在另一个语言教育家那里接受了 8 个月的治疗,情况不仅没有好转,反而逐步加重。后来又请了一名医生,同样没有效果。虽然在接下来的夏季里,情况有所好转,不过,假期结束,他又恢复到老样子。

治疗的主要方法是要求小男孩高声朗读,缓慢说话,并做若干练习,等等。其中明显的是,一定程度的激动会使口吃短时间好转,不过,口吃很快就会复发。这个男孩没有什么器官缺陷,尽管他小时候曾经从二楼摔下来过,得过脑震荡。

曾教过这个男孩一年时间的教师形容这个孩子"教养良好,勤奋,容易脸红,有点神经质"。据这个教师说,小男孩学习法语和地理有困难。考试的时候,小男孩非常紧张。他还特别喜欢体操和体育竞赛,并对技术活动有兴趣。小男孩绝无领导者的特质,但能与同学友好相处,不过,有时会与弟弟吵架。他是个左撇子,12岁的时候,他的左脸发生过中风。

至于男孩的家庭环境,我们发现他的爸爸是个商人,极易发怒,每当小男孩口吃,他就严厉斥责他。尽管如此,小男孩还是更怕他的妈妈。他有个家庭教师,因而很少有自由时间,这很令他苦恼和郁闷。而且,他还认为自己的妈妈不公平,因为她偏爱他的弟弟。

基于这些事实,我们可以提出这样的解释:男孩容易脸红表明他一旦和别人交往,他内在的紧张就会增加。似乎他的脸红和他口吃习惯密切相关。即使是他喜欢的教师也不能使他摆脱口吃,因为他的口吃习惯已经在他的大脑机械化了,同时也意味着他拒绝所有人。

正如我们所知,口吃的根源不在于外在环境,而在于他感知外在环境的方式。他的敏感和易怒在心理学上意义重大。口吃并不表明他是消极被动的。他对优越和承认的追求体现在他的敏感和易怒之中。个性脆弱的人通常也是这样。他的灰心和气馁还体现在他只能和弟弟争吵。他考试前的激动显示了他内心紧张的增加,他担心自己不能成功,也担心自己天分不如别人。他有着强烈的自卑感,对优越感的追求走上了一种对社会和自己无益的方向。

这个男孩倒是愿意上学,因为家里的环境更令他不开心。在家里,他的弟弟处于关注的中心。他的身体受伤或受到惊吓的经历不大可能是他口吃的原因，不过，这种或那种经历对他丧失勇气确实也有消极作用。他的弟弟对他影响很大，因为他的弟弟将他挤到家庭的边缘。

另一件有意义的事情是，这个男孩到 8 岁时还在尿床。尿床症状通常发生在先是被溺爱和宠爱、后来又被剥夺"王冠"的孩子身上。尿床是一个信号，表明他甚至在夜间也在争夺母亲的关注，表明男孩无法接受被冷落的境遇。

这个男孩的口吃是可以治好的，只要我们鼓励他，教育他独立。我们还可以让他做一些他能够完成的任务，使他能在这些任务的完成中树立自信心。这个男孩承认，弟弟的出生令他不快。不过，我们必须让他明白，他的嫉妒使他走上了错误的方向。

对于伴随口吃的症状，还有许多有待说明。我们想知道，当口吃者激动的时候，情况又会怎样？很多口吃者在发怒骂人的时候，便丝毫不会口吃。年长一点的口吃者在背诵和恋爱的时候，通常也不会口吃。这个事实让我们认识到，口吃者与他人的关系是他口吃的关键因素。也就是说，当口吃者必须与别人接触，建立关系，并必须借助语言来表达这种关系的时候，他的紧张就会增加，口吃就会减缓或消失。

如果一个小孩在学习说话的时候没有任何困难，那么就没有人会对他们的进步予以特别关注；而如果他在这方面存在问题，他就会成为家里谈论的中心，口吃者就会成为关注的焦点。家庭会特别为这个孩子操心，因此，这自然也引起孩子太过关注自己的说话。他会有意识地控制自己的表达。相反，正常说话的儿童则不会这样。我们知道，有意识地控制自动运作的功能会引起功能的紊乱。梅林克的童话《癞蛤蟆的逃脱》就是这方面的经典例子。癞蛤蟆遭遇到一个长有千足的动物,并马上开始赞美这个千足动物值得关注的能力。"你能告诉我",癞蛤蟆问,"你行走的时候首先迈哪只脚,又如何先后迈出其他 999 只脚?"千足动物开始思考,并观察自己脚的运动,想弄清楚自己如何依次迈出他的脚,但它被弄糊涂了,竟至于连一只脚也迈不出。

虽然弄清楚我们的生命过程是非常重要的,不过,试图去控制每一个运动却是有害无益的。我们只有任凭身体自由挥洒,才能创造出艺术作品。

尽管孩子的口吃习惯对于他们的将来有着灾难性的影响,尽管家庭对于口吃儿童的同情和特别关注不利于其成长,不过,还是有许多人宁愿遮掩、托辞,寻找借口,也不愿努力改善现状。父母和孩子都有这种情况,因为他们对于未来都不抱丝毫信心。孩子特别满足于依赖别人,并通过明显的劣势来保持他的优势。

巴尔扎克的一个故事就说明了明显的劣势会经常变成优势。故事中的两个商人都想尽力占对方的便宜。于是,在相互讨价还价的时候,其中一个商人开始口吃,说话结结巴巴。他的对手惊奇地发现,对方想通过口吃来赢得计算盈利的时间。他马上就找到了对策。他突然装作耳聋,似乎什么都听不见。由于口吃者不得不努力让对方听明白,因而便处于了劣势。这样双方就扯平了。

我们不应该像对待罪犯那样对待口吃者,尽管他们有时利用这种口吃习惯来争取时间,或让人等他们把话说完。我们还是要鼓励他们,友好地对待他们。只有通过友好的启发和增强他们的勇气,我们才能持久地治好他们。

第五章　自卑情结

在我们每个人身上，自卑感和追求优越是密切相关的。我们之所以追求优越，是因为我们感到自卑，因而力图通过富有成就的追求来克服这种自卑感。只有当自卑感阻碍了这种富有成效的追求，或当它由于对器官缺陷的反应而加剧到令人难以承受的程度时，它才会是心理问题。这时我们就会形成自卑情结。自卑情结是一种过度、过分的自卑感，它必然促使人去寻求可以轻易获得的补偿和富有欺骗性的满足。同时，这种自卑情结夸大困难，消解自己的勇气，从而堵死了通往成功的道路。

这里我们联系那个患口吃的 13 岁男孩来对此进行说明。正如我们所知，这个男孩的灰心丧气部分地造成了他持续的口吃，而他的口吃反过来又强化了他的灰心丧气。这就造成了通常所说的神经性自卑情结的恶性循环。男孩想把自己藏匿起来，不想与人交往，他已经放弃了希望；他甚至想到过自杀。他的口吃是他的生活模式的表达和延续，这也是他给周围人的印象，并借以使他成为关注的中心，从而缓解他内心的困顿。

这个男孩的人生目标太过高远，总是希望自己成为一名举足轻重的人物。他总是追求认可和声望，因而他要表现得友好和善，表现得能与人很好相处，并把自己的工作做得有条不紊。此外，为防备万一失败，他还感到自己需要一个借口，而口吃就是他的借口。这个案例之所以富有启发，是因为这个男孩生活的绝大部分是朝着对自己和社会有益的方向，只是在这一阶段，他的判断力和勇气遭到毁坏。

当然，口吃只是这些丧失勇气的孩子所采用的众多手段之一，因为他们并不相信可以依靠自己的天赋和努力来取得成功。这些丧失勇气的孩子所采用的手段类似于大自然赋予动物界用来保护自己的利爪和锐角等。不难看出，这些手段产生于这些孩子的脆弱和绝望。这些孩子认为，没有这些本不属于他们的手段，他们就无法应付生活。有些孩子采取的唯一手段就是无法控制自己的大小便。这表明，这些孩子不想告别他们的婴儿时期，不想告别那种无忧无虑、不用操心的日子。这些无法控制大小便的孩子中只有很少人的确有大肠和膀胱毛病。他们使用这些伎俩是为了博取家长和教师的同情，尽管有时也会遭致同伴的嘲笑。因此，孩子诸如此类的行为不应被视为某种疾病，而是他们自卑情结的自然流露，或者是他们追求优越感的病态或危险的表现。

我们可以想象，小男孩的口吃如何从或许是很小的心理问题发展而来。他曾经很长一段时间是家里的独子，母亲全身心地为他操劳。当他逐渐长大时，他也许感到没有受到家人足够的关注，他表现的机会也正在减少，因此，他便想出了新的花招，以吸引家里人的注意。于是，口吃便有了不寻常的意义。他注意到，因为口吃，与他说话的人便会观察和注意他的口形和吐字。因此，他通过口吃便把原本可能属于他弟弟的关注和时间争夺过来了。

　　他在学校的情况也类似。因为口吃，老师便要花更多的时间在他身上。这样，无论是在家里还是在学校，他都因为口吃而获得了一定的"优势"。他像那些好学生一样，受到别人的欢迎和喜爱，而这正是他所热烈渴求的。毫无疑问，他是个好学生，不过，这个"好学生"并不是他通过勤奋努力挣得的。

　　另一方面，虽然他通过口吃获得了教师的宽容，但这不是一个值得推荐的方法。一旦这个男孩没有获得别人足够的关注时，他就会远比其他孩子更容易受到伤害。由于弟弟成为了家庭的中心，他试图保持住自己曾经拥有的关注的努力就越来越困难。和其他的孩子不一样，他没有能够把自己的兴趣转移到别处。在家庭环境中，他的妈妈是他唯一最重要的人物，他对其他人一概不感兴趣。

　　对于这种孩子的治疗，首先要鼓励他们，使他们相信自己的能力，相信自己的力量，相信自己的天赋。对他们要抱一种同情态度，与他们建立一种友好的关系，不要用严厉的态度威吓他们。虽然这些很重要，但是还远远不够。我们还要利用这种友好的关系来激发和鼓励他们不断争取更好的成就。要做到这一点，我们就必须使他们自立，通过不同的方法使他们对自己的精神和身体的力量感到自信，并使他们相信，他们完全可以通过勤奋、毅力、练习和勇气去获得他们向往但至今尚未实现的一切。

　　在儿童教育中，一个最为严重的错误就是，家长和教师对于一个偏离正道的儿童作出恶毒的断语。这种断语无助于情形的改变，它只会加重孩子的怯懦。相反，我们应该鼓励他们。正如诗人维吉尔所说:"我能,是因为我信。"

　　千万不要认为,我们能够通过贬损或羞辱来真正改变孩子的行为,即使我们有时也会看到,有些孩子由于害怕被耻笑而似乎改变了他们的行为。我们可以通过下面这个案例来看看这种做法是多么的无效。一个小男孩因为不会游泳而遭到朋友不断的嘲笑。终于,他忍无可忍,从跳板跳入深水之中。人们费了很大的劲才把他救上来。情况往往是这样,一个怯懦者在面临失去尊严的危险时,他通常会为克服怯懦铤而走险。他的所作所为自然都是不正确的。显然,用这种方法来克服其怯懦是懦夫行径,有害而无益。他真正的怯懦在于这样一个事实,即他害怕承认他不会游泳,因为那将使他丧失他的朋友。他不顾一切的一跳并没有克服他的怯懦,而是加强了他不敢面对现实的怯懦心理。

　　怯懦是一种破坏所有的人与人关系的性格特征。一个怯懦的人不会考虑别人;他会不惜以他人为代价来赢得被承认和认可。怯懦带来了一种个人主义的、好斗的人生态度。它毁坏了社会情感,不过,却远未销毁对别人意见的恐惧。一个懦夫总是担心被他人嘲笑、忽视或贬低。结果,他总是受制于别人的意见。他犹如生活在一个充满敌意的国度里,并形成了多疑、嫉妒和自私的性格特征。

　　有这种性格的儿童通常会成为挑剔、挑刺之人。他们不愿赞扬别人,当别人被赞扬时,他们则充满憎愤。如果一个人并不寻求通过自己的成就而是通过贬低他人去超越他人,那么,这就是他虚弱的表现。一旦发现儿童有对他人敌意的苗头,那么教育者不可逃避的任务就是把他们从这种敌意中解放出来。教育者如果没有看到这种苗头，自然尚可原谅，但他绝不可能去矫正由这种敌意而滋生的不利的性格特征。不过，如果我们认识到问题在于使儿童与环境、与生活达成和解，如果我们认识到问题在于指出他们的错误，向他们解释他们的错误在于他们期望无须通过努力就能赢得别人的尊重，那么，我们也就清楚了儿童教育的方向。正如我们所知，我们必须加强儿童相互之间的友好感情，教育他们不要蔑视别人，即使别人做错了事，获得较低的学业分数。否则，孩子就容易出现自卑情结，丧失生活的勇气。

一个被剥夺了对未来信心的孩子就会从现实中退缩，就会在生活中无益和无用的方面追求一种补偿。教育者最为重要的任务，或者说是神圣的职责，就是确保每个学生不会丧失勇气，并使那些已经丧失了勇气的学生通过教育重新获得信心。这就是教师的天职，因为只有儿童对未来充满希望、充满勇气，教育才可能成功。

有一种丧失信心是暂时性的。特别是那些雄心过大的儿童一般都曾有过暂时丧失信心的情形。虽然他们取得了一定的进步，不过，有时还会丧失信心，因为他们已通过最后一次考试，马上就要选择职业了。而且，如果他们考试分数不是最好，他们会在一段时间内放弃努力和奋斗。于是，他们以前未曾意识到但酝酿已久的雄心和现实努力之间的冲突突然爆发了。这时，他们会完全不知所措，或焦虑不安。此后，如果他们没有及时认识到并消除这种气馁，他们就会流于喜新厌旧，有始无终，并经常变换职业，因为他们总是认为自己没有能力善始善终，总是担心失败挫折。

儿童对自己的评价也异常重要。如果只是通过简单的询问，我们就不可能了解儿童对自己的真实评价。无论问题多么巧妙，我们只会得到不确定和模糊的回答。一些儿童过于看重自己，另一些则认为自己一文不值。对于后者稍加考察就会发现，这些孩子身边的成人曾经千百次地重复"你将一事无成！"或"你真蠢！"之类的话。

听到此类否定性的责备，儿童很少不被深深刺伤。不过，也有些儿童会通过贬低自己的天赋和能力来自我保护。

既然我们不能通过询问来了解儿童如何自我评价，那么我们只可能通过他们面对问题和解决问题的方式方法来观察他们的自我评价，例如，他们对于问题是自信果敢，还是优柔退缩。后者是缺乏信心和勇气最为常见的迹象。我们可以用一个儿童的案例来说明这一点。这个孩子面对问题时，先是勇气十足，不过，当他越接近问题时，就越缩手缩脚，甚至裹足不前，与问题保持一定的距离。这样的儿童有时被认为是懒惰，有时则被认为心不在焉。这两种描述虽然不同，但其实质都是一样的。他们不像正常人那样去面对和解决问题，而是把全部精神集中于遭遇到的困难和障碍。有时候，有些儿童会蒙骗大人，使他们错误地认为这些儿童缺乏能力和天赋。如果我们了解事情的原委，并用个体心理学的基本原则来加以说明，那么，我们就会发现，这些儿童的问题是缺乏自信、勇气，而不是缺乏我们先前所认为的能力。

当我们探讨这些错误的优越感追求时，我们要记住，一个完全关注自我的个体是社会生活中的畸形人。我们经常会看到，有些过于追求优越感的儿童从不顾及别人。他们敌视他人，反社会，贪婪无度，自私自利。如果他们发现了一个秘密，他们就会利用它来伤害别人。

即使是在那些行为最令人指责的儿童身上,我们也总能发现一种明显的人性特征;他们有时会感到一种对人群的归属感。这些孩子的生活规划越是远离人与人的共同合作,我们就越难发现他们的社会情感,但是,自我与世界的关系总是存在的,总是会暗含在或表现在一定的形式之中。我们应该找出揭示其隐藏的自卑感的表现形式。自卑感有无数的表现形式。孩子的眼神就是其中表现之一。眼睛并不单纯接受和传递光线,它还是社会交流和理解的器官。一个人打量他人的方式就透露出他与人交往的倾向和程度。因此,所有的心理学家和作家都非常重视一个人的眼神。我们所有人都可以根据别人打量我们的方式来判断他对我们的看法;我们也可以从他的眼神中看到他灵魂的一部分。尽管我们也可能做出错误的判断或理解,不过,还是比较容易能根据一个人的眼神来判断他是否友善。

众所周知,那些不敢正视大人的儿童都心存疑虑。这并不意味着他们都良心变坏,也不意味着他们有不良的性习惯。他们回避的眼神只不过是在表达他们不愿与他人发生哪怕是短暂的紧密联系,表明他们想从伙伴中退缩出来。如果你召唤一个小孩,他靠近你的距离也是类似眼神回避的一种信号。许多孩子会保持一定的距离,他们想先确定一下情况如何,然后再在必要的时候接近你。他们对紧密关系持有疑虑,这也许因为他对此有负面的经验,因为他把自己片面的认识普遍化,以偏概全,并滥用这种认识。同样有趣的是,我们会发现有些小孩喜欢依靠在母亲或教师的身上。孩子所乐于亲近的人较之于他所宣称的最爱之人要远为重要。

有些孩子走路挺起胸膛，昂起头，而且声音坚定，无所畏惧，这都流露出他们显著的自信和勇气。而有些孩子则在别人与他说话的时候退缩屈从，明显地表现出一种自卑感和不能应付处境的胆怯。

在探讨自卑情结时，经常有这种观点，即自卑情结是天生的。其实，每个小孩不管他多么勇敢，我们都有办法让他丧失勇气，胆小怯懦，这也反驳了上述所谓自卑是与生俱来的观点。父母胆小怯懦，他的孩子也可能胆小怯懦。不过，这并不是因为遗传，而是因为他在充满怯懦的环境中长大。家庭环境和父母的性格特征对于孩子的成长和发展极为重要。那些在学校里落落寡合的学生经常来自那些与人交往甚少或没有交往的家庭。人们自然会首先想到性格的遗传，不过，这种观点站不住脚。一个人不能与别人建立交往关系，并不是由大脑或者器官的物质变化造成的。当然这方面的变化虽不必然产生这种性格特征，但有助于对它的理解。

一个最简单的案例可以帮助我们至少在理论上理解这种事情。一个小男孩生来就有器官缺陷，曾一度身染疾病，并受着病痛和身体虚弱的折磨。这种小孩沉溺于自我之中，认为周围世界是冷漠和充满敌意的。此外，一个虚弱的孩子必须依赖别人来减轻自己的生活负担，依赖别人来全身心地照顾他。正是由于别人对他的照顾和保护，才使他产生了强烈的自卑感。所有的儿童由于他们和成人在体型和力量上的差异而产生一种相对的自卑感。如果儿童经常听到（事实经常如此），"儿童应该被看着，而不是被听着"，那么，他这种相对于成人的自卑感很容易受到强化。

所有这些印象都促使儿童认为，他的确是处于一种弱势地位。

他发现自己要比他人（成人）既身材矮小又力量微弱，自然感到很不平衡。他越是强烈地感到自己既小又弱，就越是努力追求多于别人，强于别人。他追求别人的承认又多了一份额外的动力。不过，他并没有努力与周围的人和谐相处，却为自己定下了这样的处事原则，"只为自己着想"。落落寡合的孩子就属于这一类。

因此，我们可以在一定程度上认为，大多数体弱、残疾和丑陋的儿童都有一种强烈的自卑感，这种自卑感通常表现于两种极端的行为方式之中。他们说话时，要么退缩胆怯，要么咄咄逼人。这两种表现表面上互不关联，实际上却同出一源。他们或是说话太多，或是太少，但均是为了追求他人的承认和认可。他们的社会情感很弱，这或是因为他们对生活不抱希望，认为自己实际上也没有能力为社会做出贡献，或是因为他们把自己的社会情感用来服务于个人的目的。他们希望成为领导者，英雄人物，永为世人瞩目。

如果一个儿童多年来一直沿着一个错误的方向发展，那么，我们就不可能期望仅仅通过一次谈话就可以改变他的生活方式。教育者要有耐心。如果一个儿童取得了进步，后来又出现了反复，这时就需要向他解释清楚，进步并不是一蹴而就的。这样的解释能够让他安心，不至于丧失信心。如果一个儿童两年来数学成绩一直很糟糕，那么他不可能在两周内就把成绩给补上去。不过，能够补上去，这是毫无争议的。一个正常的、富有勇气的儿童能够弥补一切。我们一再指出，儿童的能力欠缺是因为他的总体人格走上了错误的发展方向，因为他的总体人格偏离了常态，有欠缺，陷入了困难的境地。帮助这些有行为问题的儿童，总是可能的，只要他们不是弱智。

儿童能力欠缺，或表面上的愚蠢、笨拙、冷漠并不是他弱智的充分证据。我们可以发现，弱智儿童的大脑不正常总是伴有身体上的缺陷。因为影响大脑发育、发展的体腺造成了身体上的缺陷。有时，这些身体上的缺陷会随着时间而消失，不过，当初身体上的缺陷仍会在心理上留下痕迹。换句话说，曾受身体缺陷之苦的儿童，即使在他们体质强壮以后，仍然会表现得相当虚弱。

我们甚至可以再深入一步。心理上的自卑感和自我中心不仅可以追溯到器官缺陷和身体缺陷，而且还可以是与这些缺陷完全无关的环境造成的。例如，家长对孩子养育错误或缺乏慈爱，或管教太严。在这种情况下，孩子会认为，生活不啻于一场苦难，因而便对周围环境采取一种敌对的态度。由此产生的心理缺陷和由于身体缺陷引起的心理缺陷即使不是完全相同的，起码也是相似的。

可以想见，要治疗这些在无爱环境下成长的儿童，将会困难重重。他们会以看待那些曾伤害过他的人的方式来看待我们；促使他们上学的任何努力都会被其理解为对他们的压制。他总是感受到被束缚。只要力所能及，他们就会反抗。他们对于自己的伙伴也没有正确、恰当的态度，因为他们嫉妒那些拥有幸福童年的孩子。

这些心怀怨恨的儿童通常会有一种破坏和毒害别人生活的性格特征。他们缺乏应付环境的勇气，因此，便试图通过欺凌弱小，或通过大幅提高对他们的友善来补偿其无力感。只有当别人接受他们的控制时，他们的友好态度才会维持下去。许多孩子在这方面走得太远，他们或者只和那些处境比较差的孩子交往，这正如有些成年人只和遭遇不幸的人交往一样；或者偏爱和那些年幼的、比他们穷的孩子交往。这种类型的男孩有时还乐于与那些非常温柔、顺从的女孩交往，这不是因为异性的吸引力。

第六章　儿童的成长：防止自卑情结

　　如果一个儿童花了很长的时间来学习走路,只要他学会了正常行走,那么,他就不至于形成影响他后来生活的自卑情结。不过,我们知道,一个心理发展本来很正常的儿童总是会受到行动不便的强烈影响。他认为自己处境不幸,甚至可能形成悲观的人生态度,并进而影响他将来的行动,即使随着时间的流逝,他身体功能的先前缺陷早已消失。许多得过佝偻病的儿童,即使在痊愈之后,我们仍然会看到这个疾病留下的痕迹:罗圈腿或笨拙,支气管炎,头部畸形,脊骨弯曲,膝盖肿大,关节无力,体态不良,等等。这些儿童在患病期间形成的失败感和由这种失败感而产生的悲观的人生态度即使在病愈之后,仍然继续保持了下来。看到小伙伴们在行动中表现出来的轻松和熟练,这些儿童会感到一种压抑的自卑感。他们低估自己,要么对自己完全丧失信心,很少努力以获得进步;要么不顾身体上的缺陷,绝望地追赶那些比他们更为幸运的伙伴。显然,他们没有足够的认识力来正确判断自己的处境。

　　儿童的发展既不是天赋决定的,也不是客观环境决定的;儿童自己对外在现实以及他与外在现实的关系的看法才决定了儿童的发展。这是一个重要的事实。儿童与生俱来的可能性和能力并不占主导地位，同样，我们从成人的角度对儿童的评价和看法也不重要。重要的是，我们要以儿童的视角来看待他的处境，以他的错误判断来理解他们。我们不要期望儿童行为不会出错，不要期望他们会按照成人健康的理智而行动，而是要认识到，儿童在理解自身的处境时会犯错误。的确，我们应该记住，如果儿童不犯错误，儿童教育不仅不可能，也不必要。如果儿童的错误是天生注定的话，那么我们也不可能教育他，或改善他。如果我们相信儿童性格是天生的，我们就不能够、也不应该做教育儿童的工作。

常言道，健康的灵魂寓于健康的身体之中。这也未必尽是如此。健康的灵魂也完全可以寓于有缺陷的身体之中，只要这个儿童能够克服身体的缺陷，勇敢地面对生活。另一方面，健康的身体也会拥有不健康的灵魂，如果这个儿童遭遇了一系列不幸事件，并由此对自己的能力产生错误理解的话。任何一个挫败，都会促使他认为自己无能。这是因为他对困难特别敏感，并把任何障碍都视为他缺乏力量和毅力的证明。

有些儿童除了运动障碍外，还有语言障碍。儿童学习说话和走路经常同时进行。不过，说话能力和行走能力之间毫无联系；它们取决于儿童的教育和家庭环境。有些儿童本来不应该出现说话困难，可是，由于家庭忽视了帮助他们，他们便出现了说话障碍。毫无疑问，那些既不耳聋、说话器官也没有缺陷的儿童，到一定的年龄就能学会说话。可是，在有些情况下，特别是在视觉极为发达的情况下，儿童说话会延迟。在另一些情况下，例如，父母过分宠爱孩子，总是在孩子开口之前，代替他们说出一切，这样也会阻碍孩子表达自我的尝试。这样的孩子需要很长时间才学会说话,我们曾经甚至以为他们耳聋。这种孩子一旦学会说话,他们就乐于说话,并经常会成为能言善辩者,甚至演说家。作曲家舒曼的妻子,克拉拉·舒曼直到4岁还不会说,到8岁时,也只能说极少量的话。她是一个古怪、特别内向的孩子,她喜欢呆在厨房消磨时光。我们可以推断出,没有人关注她。她的父亲认为,"奇怪的是,这一如此明显的精神上的不协调,却是她那异常和谐的一生的开始。"克拉拉·舒曼的情况就是一个过度补偿的例子。

需要加以注意的是,聋哑儿童应该获得特别的训练和教育,因为事实越来越证明,完全耳聋的例子并不多。不管他的听觉存在多大的缺陷,他都应该得到最大可能的治疗和促进。罗斯托克的大卫·卡茨教授就曾证明,他如何成功地把那些被认为是缺乏音乐听觉的人,引向了能够全面欣赏音乐和声音之美的道路。

通常,有些孩子的绝大多数功课都很好,但却在某一科目上比如数学遭遇到了挫折。这甚至令人怀疑他们有点智障。那些算术不好的儿童很可能曾经被某一主题唬住了,便不再在这方面下工夫,从而丧失了信心。有些家庭,特别是少数艺术家家庭,常常以不懂计算为荣。另外,还有这样一种普遍的错误观点,即男孩比女孩更擅长数学。我们会发现,妇女中也有很多优秀的数学家和统计学专家。女学生们经常听到"男孩比女孩更精于计算",她们自然就会对算术和数学丧失信心。

我们把一个孩子是否会运用数学视为心理健康的一个重要指标。因为数学是少数几个给人以安全感的学科之一。数学是一种把我们周围混乱的世界用数字稳定下来的思想操作。具有强烈不安全感的人通常都拙于计算。

其他的学科也是这样。写作就是把只有内在意识才能知道的声音话语固定在纸上，从而给予写作者一种安全感。画家就是用线条和色彩把流逝的光学印象挽留下来。体操和舞蹈表示达到了一种身体安全感，而且由于这种对身体有把握的控制，也多少给精神带来了一种安全感。也许这就是很多教育者热心体操的原因吧。

儿童在学习游泳方面有困难，这是自卑感的一个明显表现。如果一个儿童轻松地学会了游泳，那么，这也是他克服其他困难的一个好兆头。相反，一个学习游泳有困难的儿童会表现出对自己和他的游泳教师丧失信心。值得注意的是，许多先前学习游泳困难的儿童，最后却成为一名游泳健将。这可能是因为这些儿童对当初的困难过于敏感，耿耿于怀，一旦学会了游泳，便受此激励，追求游泳方面的完善目标，于是常常会成为游泳高手。

了解儿童是只对一个人亲密还是和多个人联系紧密，这很重要。孩子通常和他母亲的关系最为亲密，否则，他会和家庭中的另一个成员建立这种联系。这种能力，每个儿童都有，除非他是弱智或白痴。如果一个儿童由他母亲养育长大，却依恋家里的另一个成员，那么，寻找其中的原因就很重要。显然，任何儿童都不应该把自己的全部兴趣和注意力投向母亲一个人，因为母亲最重要的任务就是把儿童的兴趣和信任扩展到他的同伴那里。祖父母在儿童的成长中也扮演着重要的作用。他们常常会溺爱儿童。因为老人通常都担心自己不再有用，便产生了过于强烈的自卑感，要么过于吹毛求疵，要么心软和善。他们为了使自己在儿童眼里重要，从不拒绝他们的任何要求。那些经常在祖父母家中受到溺爱的儿童便不再想回家,因为家里的纪律和约束要更多一些。回家之后,这些孩子会抱怨家里不如祖父母家舒畅。我们这里提到祖父母在儿童成长中的作用,是为了提醒那些研究某一特定儿童的生活风格的教育者,不要忽视这一重要事实。

儿童由佝偻病引起的行动笨拙(参见附录1心理问卷问题2)经过长时间没有得到改善,通常可以追溯到他受到太多照顾并被宠坏这一事实。母亲们要有足够的教育智慧,不要窒息和扼杀了孩子的独立性。即使孩子生病,需要特殊照顾,也应如此。

孩子是否制造了太多的麻烦(附录1心理问卷问题3),也是一个重要问题。如果情况确实如此,我们可以肯定母亲太过溺爱孩子了。她没有培养孩子的独立性。孩子制造麻烦通常表现在睡觉、起床、吃饭或洗澡,甚至表现在噩梦和尿床。孩子所有这些表现都是为了试图赢得某个人的关注。他接二连三地制造麻烦,似乎在不断寻找控制成人的武器。如果儿童表现出这些特征,那么我们可以肯定地说,这个孩子的环境有问题。在这种情况下,惩罚是没有用的;儿童常常还会去刺激父母惩罚他们,并通过这种方式让父母明白,惩罚完全没有用。

儿童的智力发展也是一个特别重要的问题。要正确地回答这个问题目前仍有难度。有时人们用比奈—西蒙量表来测试智力,不过,结果并不可靠。其他的智力测试也是如此;人们从不幻想儿童的智力终生不变。儿童的智力发展一般主要取决于家庭环境。那些环境较好的家庭能够给孩子提供帮助,身体发育较好的孩子通常也获得相对较好的精神发展。不幸的是,那些精神发展顺利的儿童往往会被预定从事脑力劳动或较好的职业,而那些精神发展较慢的儿童则会去做体力劳动或较差的职业。我们注意到,有些国家为那些学习较差的儿童开设特殊的班级,这些学生绝大多数来自贫困家庭。由此,我们可以得出结论,如果这些出身不利环境的贫困儿童有幸出生在物质环境较好的家庭,那么,他们也完全能够取得相应的好成绩。

另一个需要加以探讨的问题就是儿童是否成为取笑的对象,是否因被取笑而灰心丧气。一些孩子能够忍受别人的嘲笑;另一些孩子可能就因此丧失勇气,回避困难,并把自己的注意力投入到外在的表面形象,这也表明他们对自己没有信心。如果一个儿童不断地和人争吵和争斗,总是担心,如果自己不主动进攻的话,就会受到他人率先攻击,那么,我们就可以推断出他对环境充满敌意。这种儿童缺乏顺从,并把顺从视为卑下的标志。按照他的理解,对别人问候予以礼貌的回应也是屈辱的行为,因此要傲慢无礼地回应;他从不抱怨,因为他把在人前抱怨视为一种低声下气的表现。他从不哭泣,甚至在本该哭泣的时候大笑,给人一种缺乏情感的冷酷的英雄印象,实际上,这恰恰是一种害怕表现出虚弱的标志。实际上,没有一个残酷的行为,其骨子里不是隐藏着虚弱。真正强大的人是不会对残忍感兴趣的。这种不顺从的儿童经常脏兮兮的,不修边幅;他们咬指甲,挖鼻孔,顽固不化。其实,他们需要鼓励;也应该让他们明白,在他们行为的背后隐藏着因害怕而表现出虚弱的恐惧。

我们的第 4 个问题是,孩子是否容易和人相处或是否不善与人交往,或是一个领导者还是追随者,这个问题和孩子与人交往的能力有关,即与他社会情感的发展程度或有没有信心有关,更与他是顺从还是控制别人的欲望有关。如果一个孩子自愿与人隔绝,这就表明他对自己与别人竞争没有足够的信心,表明他对优越感的追求过于强烈,以至于担心他在交往群体中只起次要的作用。有收集物品倾向的孩子通常想增强自己,超越别人。有这种倾向的孩子比较危险,因为他们容易走得太远,容易野心膨胀,贪婪无度,而这又体现了一种内在的虚弱感,从而希望寻找外在支撑和支持。一旦这种儿童认为自己被忽视,他们就容易偷盗,因为他们对缺乏关注比一般儿童感觉更为强烈。

第5个问题涉及儿童对学校的态度。我们应该注意他们上学是否磨蹭拖拉,对上学是否情绪激动(这样的激动经常是拒绝上学的标志)。在不同的情况下,儿童对学校的恐惧害怕有多种表现形式。一旦有家庭作业要完成,他们就会神经激动、紧张,还会因此心悸。有些儿童甚至还会表现出器官变化,如性的兴奋。给学生打分数的做法并不总是值得提倡。如果儿童不会按分数进行分类,他们就如释重负。学校不断的考试促使学生努力获得好的分数,因为差的分数就像终身的判决。

孩子是愿意做家庭作业或被迫去做家庭作业?忘记做家庭作业表明他有逃避任务和责任的倾向。家庭作业做的不好和做作业时的不耐烦,都是儿童用来躲避上学的手段,因为他们更愿意做别的事情。

孩子是否懒惰?如果一个孩子在学校没有完成任务,那么他更愿意被视为懒惰,而不是无能,或缺乏天赋。一个懒惰孩子一旦做好某件事情,他就会得到赞扬,并且听到"他如果不是懒惰,就能做好许多事情"。这个小孩对于此种说法感到完全，心满意足，因为他认为，他不再需要证明自己的天赋和能力。还有那些缺乏勇气、精神不振、不能集中精力和总是依赖别人、不独立的孩子也属于这种类型；属于这种类型的还有那些扰乱课堂教学以吸引别人关注、被宠坏的孩子。

孩子对教师是什么态度？这是一个不易回答的问题。通常，孩子们会隐藏他们对教师的真实感情。如果一个孩子总是批评他的同学，并试图贬损他们，那么，我们就可以认为，这种贬损他人的倾向就是一种缺乏自信的表现。这种儿童盛气凌人，吹毛求疵，总以为比别人知道得更多。他们实际上是用这种方式来掩盖自己的虚弱。

最难应付的是那些满不在乎、感觉冷漠和消极被动的孩子。他们戴着一副假面具，实际上他们很在乎，也不是那么无所谓。这种孩子一旦失去自我控制，常常会勃然大怒，暴跳如雷，甚至会试图自杀。他们只做那些被要求和被命令去做的事情。他们害怕失败，并过高估计他人。他们缺乏勇气，需要鼓励。

我们会看到，那些想在体育运动和身体运动方面大显身手的孩子，也想在其他领域一展风采，只是他们担心失败罢了。那些阅读大大超过正常儿童的孩子，通常也缺乏勇气。他们只是希望通过阅读来增加力量。这样的儿童虽然有丰富的想象力，但是一面对现实就恐惧不已。观察孩子偏爱什么类型的书籍也非常重要，例如，他们是喜欢小说、童话、传记、游记还是客观的科学作品。处于青春期的儿童很容易被色情图书吸引。不幸的是，在每个大城市都有这样的作品出售。强烈的性欲和对性经验的渴望会把孩子的注意力引向这一方面。为了平衡这种有害的影响可以采取以下手段：让孩子为好同伴的角色做好准备，早期性启蒙，与父母建立友好关系。

第6个问题涉及家庭的情况，即家庭成员是否患有疾病，例如，酒精中毒，神经病，肺病，梅毒，癫痫病。详细了解儿童的疾病和缺陷等身体发展状况也非常重要。用嘴呼吸的儿童都有一副傻样，这是由鼻息肉和扁桃体肥大影响了正常呼吸而引起的。在这种情况下，做个切除手术是很重要的，这会使他相信，手术可以帮助他获得应付学业的勇气。

家庭疾病经常也会妨碍孩子的成长和进步。得了慢性病的父母会给孩子造成严重的负担。神经和心理疾病会给整个家庭造成压抑的气氛。如果可能，应该尽量不要让孩子知道家里人患有精神疾病。心理疾病会给整个家庭投上一层阴霾。人们迷信地认为，这种疾病会遗传。其他的疾病如肺病和癌症也是如此。所有这些疾病都会对儿童的精神和心理产生可怕的影响。有时，把小孩从这样的家庭环境中转移出去会对他们更有好处。家庭中的慢性酒精中毒和犯罪倾向就像毒素一样，让孩子经常难以抵御。而把孩子从有害的家庭影响中解放出来，却经常很难找到合适的安置地方。癫痫病患者经常容易激动、动怒，从而破坏了家庭的和谐。所有疾病中危害最大的就是梅毒。父母患梅毒的孩子多数非常虚弱，他们自己也得了梅毒，在应付生活问题的时候，常常会遇到悲剧性的困难。

我们不能忽视的事实是，家庭的物质生活条件会影响儿童对生活和未来的观念。相对于家庭物质条件较好的儿童，出身贫困的儿童会有一种匮乏不足的感觉。小康之家的孩子一旦在家庭堕入困顿、没有了往日他所习惯的舒适之时，往往难以应付生活。如果祖父家庭物质条件优于父母家庭，给孩子带来的紧张则更为强烈，就像彼特·根特总是摆脱不掉这样一种痛苦的困惑：他的祖父权势显赫，而他的父亲却一事无成。这样家庭的孩子通常都异常勤奋努力，这实际上也是在抗议他们懒惰的父亲。

孩子初次遭遇他未曾预料的死亡经常会给他们带来震撼和震惊，并把他们的一生引向同情之路。一个对死亡毫无准备的孩子一旦突然遭遇死亡，就会使他第一次认识到，生命也有终结。这种认识令他们完全灰心丧气，或至少令他们胆怯恐惧。我们可以从很多医生的传记中发现，他们之所以从医，是因为对死亡的一次突然、可怕的遭遇，这也表明对死亡的遭遇是多么深刻地影响了孩子！因此，不应让孩子背上这种负担，因为他们还不能完全应付对死亡的不期而遇。孤儿或继子通常会把他们的不幸归咎于父母的死亡。

了解家庭由谁做主，对于认识儿童也非常重要。家庭通常都由父亲做主。如果家庭由母亲或继母做主，会对儿童的成长产生不正常的影响，父亲通常也会得不到孩子尊敬。来自母亲做主的家庭的男孩对于女人通常都会有一种挥之不去的畏惧。这样的男人要么会回避女人，要么会让他们家里的女人（包括妻子）苦恼不已。

我们还有必要了解对孩子的教育是过于严厉，还是过于温和。个体心理学不主张用过于严厉或过于温和的方法教育孩子。我们所要做的是，理解孩子，使他们避免犯错误，不断地鼓励他们勇敢地面对和解决问题，并发展他们的社会情感。对孩子过于挑剔和严厉的父母，会给孩子造成伤害，使他们完全丧失勇气。而过于温和或溺爱的教育又会使孩子形成依赖心理和依附某人的倾向。因此，父母既不要用玫瑰色的色彩美化现实，也不要用悲观的态度来描摹世界。他们的职责是让孩子尽可能充分地为生活做好准备，使他们以后能够应付自己的生活。那些没有被教育面对和克服困难的孩子以后会寻求回避生活中所有的艰难险阻，从而使自己的生活范围越来越狭小。

我们还应该知道是谁在照顾孩子。这个人当然并不一定总是孩子的母亲。不过，即使不是母亲自己亲自照顾孩子，她们也应该熟悉这个管教孩子的人。教育孩子最好的方式就是让他们通过经验而学习，当然，这应该在合理的范围之内。这样一来，孩子的行为就不是受到他人强迫的限制，而是受到事实本身逻辑的限制。

问题7涉及孩子在家庭中所处的位置。这种位置对于孩子的性格发展也是意义重大。独生子女的地位往往非常特殊；只有兄弟的独生女和只有姐妹的独生子的地位也都很特殊。

问题8涉及职业选择。这也特别重要，因为它会显示环境对儿童的影响，显示出儿童的勇气和社会情感的发展程度及他们的生活节奏。

白日梦（问题9）和对童年的记忆（问题10）一样富有意义。那些学会理解孩子童年记忆的人经常能够从中发掘出孩子整个的生活风格。梦境也会显示出孩子的发展方向，显示出他们是尝试解决问题，还是回避问题。

我们还要知道孩子是否有语言障碍；要知道他们是相貌丑陋还是相貌英俊，是身材优美还是身材欠佳（问题13）。

问题 14：孩子是否公开谈论自己的情况？有些孩子吹牛张扬，以补偿自己的自卑感。有些孩子则很少谈论自己，因为他们担心因此而被别人利用，或担心一旦别人知道了自己的弱点，会给他们造成新的伤害。

问题 15：如果一个儿童在某一科目比如音乐或绘画获得成功，我们就应该在此基础上鼓励他们在其他科目提高成就。

如果孩子长到 15 岁还不知道自己想成为什么，我们就可以认为这个孩子完全丧失了信心，并且应该给予他们相应的帮助和治疗。此外，我们还应该关注孩子家庭成员的职业和兄弟姐妹的社会地位的差异。父母婚姻的不幸福也会干扰孩子的总体发展。教师的义务就是谨慎和审慎行事，切实了解儿童及其世界，并利用问卷调查所了解的情况来对他们进行矫正和改善。

第七章 社会情感和儿童成长的障碍：
儿童在家庭中的地位

　　和前面几章所讨论的追求优越感的案例相反，我们在许多儿童和成人身上也会发现一种把自己和他人联系起来、与他人合作完成任务并使自己成为对社会有用的人的愿望。对于这些现象，我们最好用社会情感这个概念来加以概括。那么，社会情感的根源是什么？人们对此众说纷纭，莫衷一是。不过，根据本书作者到目前为止的发现，这个问题与人的概念有着不可分割的关联。

　　我们也许要问，这种社会情感是否比人对优越感的追求更加接近人的天性？对此问题的回答是，这两种心理在根本上拥有相同的内核，个体追求优越和渴望社会情感都是建立在人的本性的基础上。两者都是渴望获得肯定和认可的根本表现；它们表现形式不同，而这种差异又涉及对人的本性的两种不同假设。个体追求优越感涉及的人性假设是，个体不必依赖于群体，而渴望社会情感的人性假设是，个体是在一定程度上依赖于群体和社会的。前者代表一种更为合理、在逻辑上也更为根本的观点，后者则是一种肤浅的表象，即使它作为一种心理现象在个体生活中会更经常地遇到。

如果想知道社会情感在何种意义上是合乎真理和逻辑的，我们只需要对人做一历史的考察，我们很快就会发现，人总是群体地生活在一起。这个事实并不令人吃惊。因为任何单个不能保护自己的动物，出于自我保护的原因，总是被迫群居在一起。把狮子和人作一比较，我们就会看到，人作为动物的一个种类，他的生存极不安全。那些和人大小相当的绝大多数动物，则拥有更为强大的力量，被大自然赋予了良好的攻击和防御武器。达尔文观察到，所有那些防御能力不够强大的动物总是群体出没。比如，那些体力异常强大的猩猩一般都是和伴侣单独生活，而猿类家族中那些体型较小、力量较弱的成员则总是群体生活在一起。正如达尔文所指出的那样，由于大自然没有赋予这些动物尖牙利爪和翅膀等，它们便组成群体以补偿这方面的不足。

组成群体不仅可以弥补单个动物作为个体所缺乏的能力，而且还使他们发现新的保护方法。这种方法可以改善他们的处境，使它们更为安全。例如，有些猴群会派出前路侦察，查看附近是否有敌人。它们通过这种方式汇聚集体力量，以弥补群体中每一个体力量的不足。我们也会发现，一个牛群集结成圆形的防御圈，以抵御体型远大于自己的单个敌人的进攻。

研究这类问题的动物学家也指出，在这样的动物群体中，我们经常会发现类似我们法律的制度化安排。比如，派出侦察情况的动物必须按照特定的行为规则而生活，它们所犯每个错误或违反规则都会受到群体的严厉惩罚。

有趣的是，许多历史学家认为，人类最古老的法律涉及部落的守望者。如果是这样的话，我们就对动物由于个体不能保护自己而形成群体的观念有了直观的认识。从某种意义上说，任何社会情感都反映了体力的虚弱，并与体力关系密切。因此，就人来说，我们最好在婴儿和儿童时期发展和促进他们的社会情感，因为他们这时最无助，而且成长缓慢。

我们发现，在所有的动物王国中，除了人，没有任何动物，像人类的孩子出生时那样的无助。正如我们所知，人类达到成熟所需时间最长。其中的原因并不在于儿童在长大成人之前有无数的东西需要学习，而是因为人的成长发育需要很长的时间。儿童需要父母保护的时间要远远长于其他任何生物，这是因为他们身体器官的发育要依赖于父母的保护。如果儿童没有这样的保护，人类就会灭绝。我们可以把儿童身体上的脆弱期，视为把教育和社会情感联系起来的时刻。由于儿童身体的不成熟，教育是异常必要的，教育的目的产生于这样一个事实，即只有通过群体才能克服儿童的不成熟。教育的目的必然是社会性的。

我们所有的教育规则和教育方法绝对不能忽视群体生活和社会适应的思想。不管我们是否意识到，我们总是赞美那些对社会有益的行为，总是唾弃那些对社会不利或有害的行为。

我们观察到的所有的教育错误之所以是错误的，都是因为我们认为它们对社会造成了有害的影响。任何伟大的成就，甚至人的能力的任何发展也都是在社会生活中并朝向社会情感的方向实现的。

兹以语言为例来进行说明。一个独居的人是不需要语言的。语言的存在和发展是人类群居必要性的无可争辩的证明。语言是人与人之间明显的纽带，同时也是人类群居的产物。只有从群居和社会的思想出发，语言和言说的心理学才是可以理解的。独居的人是不会对语言和言说感兴趣。如果一个孩子没有对社会生活广泛的参与，如果他只在封闭和隔离中成长，那么，他的语言能力的发展就会受到阻碍和延迟。只有当他与他人或群体发生联系时，他才能获得和发展他的语言天赋。

我们通常认为，有些孩子之所以比另一些孩子更善于说话和表达，这完全是因为他们更有语言天赋。其实不然。有语言障碍或与别人有交流障碍的儿童通常缺乏强烈的社会情感。有语言障碍的儿童通常是由于被过分宠爱的缘故。这些孩子在尚未表达自己的愿望之前，母亲就已为他做好一切了。孩子没有感到说话的需要！从而也就丧失了与外界的接触，丧失了社会适应能力。

有些孩子语言迟疑或不愿说话，这是因为他们的父母从不让他们说完整一个句子，从不让他们自己回答问题；另一些孩子则是因为说话时被取笑和嘲讽而丧失了信心。对于孩子说话不断地纠正和挑剔似乎是一个广泛存在的不良习惯。其糟糕的结果是，这些儿童经年累月地背负低人一等和自卑感之苦。例如，有些人说话时每个句子开头都会不断地重复"请不要取笑"！我们经常听到这样的表述；很清楚，这些人在童年时说话经常被人取笑。

有这样一个例子：一个小孩能说能听，不过，他的父母既聋又哑。每当孩子受伤的时候，他只是流泪，而不哭喊。这很有意义，而且也很必要，因为他的父母可以看见他流泪伤心的样子，而听不到任何伤心的哭喊。

如果没有社会情感，人的其他能力的发展比如理解力和逻辑感都是不可想象的。完全独居的人根本不需要逻辑，或者说他对逻辑的需要不会多于任何一个动物。另一方面，一个人若不断地与人接触和交往，他就必须使用语言、逻辑和常识，因而他必须获得和发展社会情感。这也是所有逻辑思考的最终目的。

有时候，有些人的行为在我们看来很不明智，不过，从行为者的目的来看，这些行为却是完全明智的。这种现象经常发生在那些总以为别人也会像他们一样看问题的人身上。这也表明社会情感和常识在行为判断上是多么的重要（更不用说，如果社会生活不是如此复杂，没有给个体带来如此错综复杂的问题，那么，常识的培养也没有必要了）。我们也有理由想象，为什么原始人停留在原始水平，就是因为他们相对简单的生活没有刺激他们的思想往深广发展。

社会情感在人的语言能力和逻辑思维能力的发展方面起着极为重要的作用。语言和思维常被视为人的神圣的能力。如果一个人不顾及他所生活的社会而试图解决自己的问题，或者使用只有他自己才能理解的语言，那么就会产生混乱。社会情感给个体一种安全感，而这种安全感是他生活的主要支撑。这种安全感也许和逻辑思考及真理所给予我们的信任不同，不过，它是这种信任显著的组成部分。为什么数学计算能给所有人这样一种信任感，从而使得我们倾向于把只有能用数字表达的东西才视为真实和正确的？其原因是，数学计算比其他的思想过程更容易传递给我们的同伴，同时，我们的理智更容易对此进行操作。对于不能传播、不能与人分享的真理，我们总是不会抱以太大的信任。毫无疑问，这也是为什么柏拉图尝试按照数和数学模式来建构自己总体的哲学思想。柏拉图让走出"洞穴"的哲学家再回到"洞穴"之中与众悲欢，从中我们可以更加清晰地认识他的哲学（数学模式）与社会情感的密切关系。在柏拉图看来，哲学家如果没有源于社会情感的安全感，那他们自己也不能正确地生活。

那些没有安全感的孩子一旦与别人接触或独立完成特定任务的时候，我们就可以发现他们在安全感方面的欠缺。他们的不安全感还会表现在对某些学科的学习上，特别是那些要求客观和逻辑思考的学科比如数学。

人们在童年时期的主要观念（例如道德感，伦理规则）通常都是以片面的方式接触到的。对于那些注定要离群索居的人来说，伦理学说是不可理解的，也是毫无意义的。只有当我们考虑到社会和他人的权利时，道德观念才会出现，才有意义。不过，在审美感觉和艺术创作方面，要证实这个观点有点困难。即使在艺术王国，我们也会看到一种普遍的、一致的模式，其根源是我们对健康、力量和正确的社会发展等的理解。当然，艺术的界限弹性较大，艺术也为个体的趣味提供了更多的空间。不过，总的来说，艺术、美学也遵循着社会方向。

我们如何确定一个儿童社会情感的发展程度呢？对于这样一个问题，我们的回答是，需要观察他特定的行为表现。例如，如果我们看到一个儿童追求优越性时不顾他人、总想突出自己，那么我们可以肯定，他比那些没有表现出此种行为的人更缺乏社会情感。在当代的文化中，我们很难想象一个不想追求优越和卓越的儿童。正因为如此，个体的社会情感通常没有得到充分发展。对于人的这种状况（人的本性上是自我中心的，对自我的考虑要多于对他人的考虑），人类的批判者，即古今的道德家总是不断地加以抨击。这种批判总是以道德说教的形式出现，对儿童或成人也毫无效果，因为仅仅靠道德说教很难取得效果，也不会改变什么；人们最终也这样来安慰自己：其他人并不比我好到哪里去。

如果遇到一个孩子思想混乱，甚至形成了有害或犯罪的倾向，那么我们就要记住，长篇累牍的道德说教不会有什么效果，而是要进行深入探究，从而将其有害的心理连根拔除。换句话说，我们不要装扮成道德法官来对他们进行审判，而是要成为他们的朋友或治疗他们的医师。

如果我们不断地告诉一个小孩他很坏、很蠢，那么，不要过多长时间，他就会相信我们的断言是对的，并最终丧失了面对困难和解决问题的勇气。孩子不了解他的环境才是拔除他自信的根源，并会不知不觉地相应规划自己的生活，以证明对他的错误判断是正确的。这个孩子会感到自己天赋不如别人，认为自己的能力和发展的可能性有限。从他的态度中我们可以准确地看到他消沉的心境，这种心境与环境对他的不良影响直接相关。

个体心理学试图表明，在孩子所犯的错误中总是可以看到环境的不良影响。例如，一个拖沓的孩子背后总有一个帮他整理收拾的人；一个撒谎的孩子总是受到了一个颐指气使的成人的影响，这个成人总是试图通过强硬和严厉的方法来纠正小孩说谎的毛病。我们甚至可以从孩子吹牛的习惯中找到环境影响的痕迹。这种小孩通常渴望受到赞扬，而不是成功地完成自己的任务；他在追求优越感的过程中总是渴求来自家庭成员的赞扬。

父母经常会忽视或误解孩子在家庭中不同的处境。那些具有兄弟姐妹的孩子的处境和独生子女的处境就存在差异。长子的处境之所以特别，是因为他曾是家里唯一的孩子。这种经历是次子所无法想象的。幺子的处境也不是其他孩子所能体会的，因为他曾是家里最小和最弱的孩子。他们处境各不相同。如果两个兄弟或两个姐妹一起成长，那么年龄较大、能力也较强的孩子所已经克服的困难则是较小的孩子仍要面对的。年龄较小的孩子的处境要相对不利一些，他当然也会感受到这一点。为了补偿他的这种自卑感，年幼的孩子会加倍努力，以超越其年龄较大的哥哥或姐姐。

长时间研究儿童的个体心理学通常能够判断出孩子在家庭所处的位置。如果年龄较大的孩子取得正常的进步，那么这就会刺激年龄较小的孩子投入更大的努力以追赶他的哥哥或姐姐。其结果是，较小的孩子通常更加积极进取，更加咄咄逼人。如果年龄较大的儿童比较虚弱，发展较慢，那么，年龄较小的孩子也就不需要被迫投入更大的努力来和他竞争。

因此，确定一个孩子在家庭的位置是很重要的，因为我们只有了解了他在家庭中的位置，才能完全地了解他。家庭中年龄最小的孩子必然会表现出他们年龄最小的迹象和特征。当然，我们会发现例外。最小的孩子通常都想超过所有其他的哥哥姐姐，他们夜以继日，从不停息，总是感到和认为自己必须比所有其他人做得更多、更好，总是要不断采取进一步的行动。这样的观察对于孩子的教育很有意义，因为它们决定了对孩子的教育方法。不同的孩子采取同样的方法，这肯定行不通。每个孩子都是独特的。当我们按照一定的标准来给他们进行分类时，我们还必须注意把每个孩子作为个体来对待。这对于学校当然很难办到，但对于家庭则肯定可以办得到。

幺子通常总想突出和表现自己，并会在很多方面取得成功。这一点异常重要，因为它极大地动摇了人们认为心理特征遗传的观念。如果不同家庭的幺子都有巨大的相似之处，那么，遗传之说更难以令人置信。

另一种类型的幺子和上面描述的积极进取的类型完全相反，他们完全丧失了信心，懒散之极。这两种类型的儿童表面上的差异，可以从心理学上加以解释。没有人会比那些渴望超越所有其他人的人更容易受到困难的伤害了。这种孩子的过大雄心使他不快乐，而且一旦遇到似乎不可克服的障碍时，他就比那些目标相对不够高远的人更迅速地退缩逃避。我们可以从一句拉丁谚语中看出这两类孩子的人格化的特征："要么全有，要么全无"。

我们可以在《圣经》中找到和我们经验一致的、关于幺子取得成就的精彩记述，例如约瑟夫、大卫和梭尔，等等。人们也许会提出异议说，约瑟夫还有个弟弟，即本杰明。不过，本杰明出生的时候，约瑟夫已经 17 岁了，因此，约瑟夫仍可被视为幺子之列。对于幺子成就的描述，不仅见之于《圣经》，我们还可以从神话中找到很多例子。在所有的神话之中，幺子都超越了他的哥哥和姐姐：在德国、俄罗斯、斯堪的纳维亚或中国的神话中，最小的孩子总是征服者。这绝对不是偶然。其原因也许在于，古代幺子的形象要比今天更为突出和鲜明。因为在原始的条件下，我们更容易注意到这种现象，因而对于幺子之类的形象也能做更好的观察。

对于孩子所形成的与其在家庭中的地位相适应的人格特征，还有更多可说之处。例如，长子就有许多共同的特征；我们可以把他们划分为两个或三个主要类型。

　　本书的作者曾经花很长一段时间研究长子的问题，不过，一直没有清晰的认识，直到有一天我偶然读到冯塔纳自传中的一段文字。冯塔纳在这段文字中描述了他的父亲，一个法国的移民，参加一场波兰对俄罗斯战争的情况：当他的父亲读到1万名波军战败5万名俄军并使他们逃窜时，总是感到非常高兴和幸福。冯塔纳并不理解父亲的高兴。相反，他还提出异议，理由是5万名俄军当然比1万名波军强大，"如果不是这样，我一点都不会高兴，因为强者永远是强者"。读到这段文字，我们马上可以得出这样的结论："冯塔纳是长子"。只有长子才会说出这样的话。冯塔纳回想起，当他是家庭唯一的孩子时，曾拥有多大的权力！而当他被一个弱者（弟弟、妹妹）赶下"王位"时，他又感到多么的不公平。我们可以发现这样一个事实，即长子通常性格保守。他们相信权力，崇奉规则和法律。他们倾向于公开而毫无愧疚地接受和忍受专制主义。他们对权位持积极肯定的态度，因为他们自己曾一度拥有这种权位。

　　就像我们指出的那样，这种类型的长子中也有例外。这里以一个案例来说明。案例中的这个儿童一直以来被人忽视。自从他有了妹妹以后，这个长子就开始扮演悲剧的角色。即使不用提及这个事实本身，我们通常也可以从对这个无所适从、完全灰心丧气的长子的描述中认识到，长子的困境与他那年轻而聪明的妹妹有关。这种情况的频繁发生并不是偶然的，它有着完全合理的解释。我们知道，在当今的文化中，男人被视为比女人重要。长子通常都被过分宠爱，父母对他也期望甚多。他的处境一直非常有利，直到有一天他的妹妹突然出现了。妹妹进入了由她被宠坏的哥哥所控制的世界。他的哥哥视她为一个可恨的入侵者，并与她奋力抗争。妹妹的这种处境激励她做出非同寻常的努力，而且只要她不崩溃，这种激励会影响她整个人生。于是，这个妹妹进步很快，这种快速进步也吓坏了她的哥哥，因为它突然危及了男人优越的神话。他感到了不安全，不踏实。而且大自然的规律是，女孩在 14—16 岁期间的发育要比男孩快。于是，哥哥的不安全感可能变成彻底的气馁。他轻易地丧失了自信，放弃了努力。他寻找各种合理的借口，或自己为自己设置障碍，以作为自己放弃努力的理由。

　　这种类型的长子无所适从，放弃希望，莫名其妙地懒惰，或神经兮兮，这是因为他们感到自己没有能力和妹妹竞争。我们经常会遇到这种类型的长子。他们会令人难以置信地憎恨女人。他们通常命运悲惨，因为很少有人理解他们的处境，也很少有人向他们解释他们的处境。有时，长子的情况会更糟，以至于他们的父母和其他家庭成员都会抱怨："为什么情况不是相反？为什么男孩不是女的，而女孩不是男的？"

　　生活在众多姐妹中的唯一男孩同样也拥有此类性格特征。在这样一种女多男少的家庭，要避免形成一种女性主导的气氛是异常困难的。这个唯一的男孩或是被家庭中所有女人宠爱、溺爱，或是家庭中所有的女人都反对他，排斥他。因此，这种男孩的发展自然各不相同。不过，他们的性格中有相同的成分。我们知道，有一种普遍的观点认为，男孩不应该单由女人抚养和教育。不过，我们不要从字面上理解这句话的意思，因为所有的男孩最初都是由女人抚养。它真正的意思是，男孩不能仅在女人的环境中成长。这个观点并不是反对女性，而是反对从这种环境中产生的误解和偏见。这对只在男性环境中成长的女孩也一样。那些在男性中成长的女孩通常会受到男性的歧视，其结果是，这个女孩会模仿男孩，这会给她后来的生活带来不利影响。

不管一个人多么宽容，他都不可能认可这样的观点，即教育女孩应该像教育男孩那样。短时间这样做还可以，不过，难以避免的特定差异会很快出现。男人将在生活中扮演不同的角色，这种角色是由其不同的身体构造决定的。身体构造在职业选择上也起一定的作用。那些不满意自己女性性别的女孩会发现很难适应那些为女人而设的职业和职业要求。对于将来的婚姻和家庭生活，女人的角色教育自然不同于男人的角色教育。对自己性别不满意的女孩往往会拒绝婚姻，认为那有损于自己的尊严。她们即使结婚，也会寻求处于支配地位。那些像一个女孩子而接受教育的男孩会面临同样的问题，他们很难适应我们当代的文化和这种文化对他们的期待。

在思考这些情形的时候，我们不要忘记，一个人的生活风格通常在 4 岁或 5 岁的时候就已经确定下来。在这段时间必须培养他们的社会情感和必要的社会适应能力。大约在 5 岁左右，一个人对于世界的观念通常已经确定和固定下来，并在今后的发展中保持着大致相同的方向；他对外在世界的感知基本保持不变；他受制于自己的观念，并不断地重复他原初的心理机制和产生于这种心理机制的行为。一个人的社会情感受到他自身的精神视野的限制。

第八章　孩子在家庭的位置：
儿童的心理处境及其矫正

　　我们知道，孩子的发展和他们对自己在环境中所处位置的无意识的理解是一致的。我们还知道，长子、次子和老三的发展各不相同，而这种发展又是和他们在家庭中的位置相适应的。孩子早期的处境可以被视为对其性格发展的一种磨炼和锻造。

　　儿童的教育不能开始的过早。当孩子逐渐长大，他就会形成一定规则或程式，以指导他的行为及其对不同情境的反应。如果孩子尚小，我们只能发现他指导未来行为模式的端倪。几年的练习之后，这种行为模式就会形成，并且固定下来。孩子的行为并不是客观的反应，而是受制于他对自己早期经验的无意识的理解。如果他对某一情境或应付某一情境的能力产生错误理解，那么，这种错误的理解和判断就会决定他的行为。只要这种原初的、童年时期形成的看法没有被矫正过来，那么，任何数量的逻辑或常识都不会改变他后来的成人行为。

　　儿童的成长总有一些主观和独特的东西。教育者必须对儿童独特的个性有所了解，不能用千篇一律的法则来教育儿童。这也是为什么我们对不同儿童运用同一教育原则却取得了不同效果的原因。

另一方面，当我们看到儿童用几乎相同的方式来对同一情境做出反应时，我们不要认为这是自然法则在起作用；真实的情况是，当对情境缺乏理解和认知时，他们就可能会犯相同的错误。一般认为，一个家庭新的孩子出生时，早先出生的孩子就会心生嫉妒。对于这样一个概括，人们反驳说，一方面这其中存在例外，另一方面，如果我们能使孩子懂得如何正确应付弟妹的出生，那么，这种嫉妒肯定不可能产生。有这方面错误行为和错误观念的儿童就像一个站在山脚小道之前的旅人，不知道如何继续前行。不过，他终于找到正确之道，成功抵达目的地，却听到人们惊奇地说，"几乎所有在这条小道徘徊的人都迷失了方向。"那些做出错误行为的儿童经常徘徊在这条富有诱惑的道路之上。这条路看上去很容易穿过，因而吸引着这些儿童。

还有许多其他的情境会对孩子的性格产生不可估量的影响。我们不是经常看到一个家庭的两个孩子中一个好而另一个坏么！我们只要稍加研究，就会发现那个坏孩子对优越感的追求过于强烈，试图控制所有人，并尽力控制周围环境。家里充满了他的叫喊。相反，另一孩子则安静、谦逊，是家里的宠儿，是那个坏孩子学习的榜样。对于同一家庭出现的这种差异，父母很难理解。通过调查我们知道，那个好孩子发现借助优异的行为可以获得更多的承认和认可，并成功地战胜了与之竞争的坏孩子。显然，当这两个孩子之间出现了这样性质的竞争时，那个坏孩子就没有希望通过更好的行为来超越这个好孩子，于是，他便走向了相反的方向，也就是说,他会尽可能地调皮捣蛋。经验告诉我们,这种淘气的孩子有可能会变得比他的兄弟姐妹更好。同时,经验也告诉我们,对优越感过于强烈的渴求会使他向着某个极端的方向努力。我们在学校会看到同样的情况。

我们不能因为这两个孩子在相同的条件下成长,就预言他们会完全一样。没有任何两个儿童是在完全相同的条件下成长。性格良好的儿童的成长也极大地受到行为不良儿童的影响。实际上,许多儿童当初的表现也很不错,但后来却成为了问题儿童。

这里有个 17 岁女孩的案例。这个女孩到 10 岁时一直是个模范儿童。她有个比她大 11 岁的哥哥。他哥哥是个被过分溺爱的孩子,因为他曾经 11 年之久都是家里唯一的孩子。当女孩出生时,这个男孩并不嫉妒她,不过,他却依然故我,仍继续着他那被宠坏的行为。当这个女孩 10 岁的时候,他的哥哥经常离家很长时间。于是,这个女孩便取得了类似独生子所处的位置;这种位置对她产生了影响,她开始不惜一切代价地我行我素。她家境富裕,因而很容易满足她的任何要求。不过,当她逐渐长大时,家里就不可能满足她的所有要求了。因此,她开始表现出不满和失望。她开始利用家庭的资金信用去借钱,并很快就背上了一笔可观的债务。也就是说,她开始选择另一条道路来满足自己的要求。当她的母亲拒绝满足她的要求时,她就放弃了过去的良好行为,不断哭闹和争吵,并变成一个最令人讨厌的人物。

从这个案例和其他类似的案例中可以得出一个普遍的结论,即一个儿童可能仅用良好的行为来满足自己对优越感的追求,因而我们不能确信,当情况发生变化时,他的良好行为是否会保持下去。本书附录1所提供的心理问卷可以为我们提供一幅关于某个儿童、他的活动和他与周围世界和周围人的关系的完整图画。他的生活风格总会有所显示，有所体现，而且如果我们对这个儿童和借助这个心理问卷所获得的信息进行深入研究，那么我们就会看到，这个孩子的性格特征、他的感情和他的生活风格都是为了获得一种优越感，提高自己的价值感和在周围的世界里取得一定的声望。

　　我们在学校里会经常遇到这样一种类型的儿童，他们似乎和我们这里的描述相矛盾：这种孩子懒惰、邋遢和内向，对知识、纪律和批评无动于衷，他们生活在幻想世界中，丝毫没有表现出对优越感的追求。如果我们具有丰富的经验，我们就会看出，这也是一种追求优越感的形式，尽管它是一种荒唐的形式。这种孩子绝不相信他能够通过正常的途径获得成功，结果他会尽力避免所有可以改善和提高自己的手段和机会。他把自己封闭起来，给人一种性格坚强的印象。这种坚强并不是他人格的全部；在这坚强的性格背后，我们通常可以发现一颗异常敏感和异常孱弱的心灵，为了避免伤害和痛苦，他需要表现出坚强和冷漠。他将自己裹进盔甲之中，这样任何东西也不会靠近、触动甚至伤害他了。

　　如果我们能找到方法让这种类型的孩子说话，我们就会发现，他们过于专注自己，总是沉溺于白日梦和幻想，并在这些白日梦和幻想中，总是把自己想象的很伟大，或很优异。在这些梦里，现实消失不见了。在梦中，他们或是君临一切的英雄，或是生杀予夺的君主，或是救苦救难的烈士。我们会经常发现有些儿童不仅在梦境之中，而且还会在现实行动之中扮演救世主的角色。我们可以相信，这些儿童会在别人处于危险之时飞身相救。那些在梦境之中扮演救世主角色的儿童,也会训练自己在现实之中扮演这样的角色,而且,如果他们尚未完全丧失自信,一旦机会出现,就会上演这种角色。

某些白日梦会不断地出现。在奥地利君主时期,有许多孩子做着拯救国王或王子于危险之境的白日梦。父母自然不会知道这种念头萦绕着他们的孩子。我们所看见的是,那些经常做白日梦的人不能适应现实,也不能使自己成为有用的人。在这种情况下,现实和想象之间存在深深的鸿沟。也有些孩子比较中庸,他们一方面继续做着白日梦,同时也稍作努力去适应现实。有些孩子则完全不适应现实,他们越来越从现实中抽身,并沉溺于自己构筑的私人的幻想世界。当然,也有些儿童根本不想沾染幻想世界,而只专注于现实,即使阅读,他们也只读旅行故事、狩猎和历史等书籍。

毫无疑问,一个孩子既要具有一定的想象力,也要具有适应现实的意愿。不过,我们不要忘记,孩子看问题和我们成人不同,他们容易倾向于把世界划分为对立的两个部分。如果要理解儿童,我们就不能忘记这样一个极端重要的事实,即儿童有一种把世界划分为两个对立部分的强烈倾向(上或下,全好或全坏,聪明或愚蠢,优越或自卑,全有或全无)。有些成人也有这样对立的认知方式。众所周知,要摆脱这种认知方式是异常困难的;例如,我们会把冷和热对立起来,而根据科学知识,冷和热的区别只是温度上的差异。我们不仅会经常在儿童那里发现对立的认知方式,此外,我们还会在哲学思考的初始阶段发现这种思维方式。例如,这种思维方式就在古希腊哲学中占主导地位。甚至今天,几乎所有的业余哲学家都借助对立的思想来进行价值判断。有些人甚至还确定了一些性质对立的程式,如生—死,上—下,男—女,等等。今天儿童的认知方式和古代哲学的思考方式之间存在明显的相似。我们可以认为,那些习惯把世界分为尖锐对立的两个部分的成人,仍然保留着儿童的思维方式。

对于那些按照这种对立的或非此即彼的认知方式来生活的人,我们可以用这样一句格言来描述他们的思维,即,"要么全有,要么全无"。当然,在这个世界上这种"全有或全无"的理想是不可能实现的。不过,也有许多人以此来安排自己的生活。人类要么全部拥有,要么全部没有——这是不可能的。在这两个极端之间还有许许多多的等级。我们发现那些拥有这种思维方式的人,主要是儿童,一方面受强烈自卑感的煎熬,另一方面却发展出作为补偿的过分野心。历史上有不少这样的例子,如恺撒,他在谋取王位的时候被他的朋友杀害了。许多儿童的怪癖性格例如偏执和固执都可以追溯到这种"全有或全无"的认知方式。这种特征在儿童的生活中俯拾即是。我们甚至还可以得出结论说,这样的儿童一般都形成了一种私人的哲学或与常识相对立的私人理智。这里可以举一个极其偏执和固执的 4 岁女孩为例来进行说明。一天她母亲给她一个橙子,她接下橙子,立即把它扔在地上,并且说道,"你给我什么,我都不喜欢。我喜欢什么,我会自己拿!"

这些懒惰、邋遢的儿童自然不太可能"全部拥有",便越来越退入到"全无"的白日梦、幻想和空中楼阁之中。不过,我们不要急于下结论说,这种孩子已无可救药。我们知道,过分敏感的孩子会很快从现实中退出来,躲进自己所建构的想象世界之中,因为后者能够在一定程度上保护他们免受进一步的伤害和苦痛。不过,这种逃避并不必然意味着他们完全不具有适应和调适能力。对现实保持一定距离不仅对于作家和艺术家是必要的，而且对于科学家也是必要的，因为科学家也需要拥有良好的想象力。白日梦里的幻想不过是一种绕过生活中的不快和可能失败的迂回的道路罢了。我们不要忘记，正是那些拥有丰富想象并且后来又能把想象和现实联系起来的人成为了人类的领袖。他们之所以成为人类的领袖，不仅仅是因为他们受过较好的学校教育，拥有敏锐的洞察力，而且还因为他们具有面对困难和克服困难的意识和勇气。我们经常可以从众多伟人的生平事迹中看到，他们在儿童时期很少关注现实，学校成绩也不够好，不过他们拥有洞察周围世界的卓越能力，因此，当有利条件出现的时候，他们的勇气就足以使他们直面现实，努力拼搏，而最终成就一番事业。当然，如何把儿童培养成伟人，这里无法则可循。不过，我们应该记住，我们绝对不要粗暴、鲁莽地对待儿童，而是要不断地鼓励他们，不断地向他们说明现实生活的意义，从而不至于扩大他们的想象世界与现实世界的距离。

第九章　作为准备性测试的新环境

　　个体的心理生活是个统一的整体，个体人格的所有表现不仅横向上密切关联，而且前后一贯。人格在时间中连续展开，而不会出现突然的跳跃。现在和未来的行为总是和过去的性格一致，也是相适应的。这绝不是说，个体一生中的事件机械地为过去和遗传所决定。不过，这也不是说，个体的未来和过去是相互断裂的。我们不能一夜之间跳出原来的自我，而变成另一个人，尽管我们从来也不知道所谓的自我到底是些什么。也就是说，直到我们表现出我们的能力和天赋的那一刻，我们从来就不清楚我们全部的潜能。

　　正是因为人格发展的连续性（这并不是机械决定论），我们才不仅有可能教育和改善个体的人格，而且还有可能检测出儿童在某一时刻的性格发展状况。一旦个体进入新环境之中，他隐藏着的性格就会表现出来。因此，如果我们能够直接对个体进行试验，那么我们就可以通过把他们带入一个他们没有预料到的新环境之中，来发现他们的人格发展水平。这些人在新环境中的行为肯定和他们过去的性格是一致的，于是，他们在过去情况下不会显露的性格就会在新环境中表现出来。

就儿童的情况而言,通常是在转变期如孩子开始上学或家庭环境突然发生变故时,我们最有可能发现他的性格。儿童性格的局限就会在这种转变期清晰地显现出来,就像一张相片的底片被放进冲洗液而显现出图像一样。

我们曾有机会观察一个被收养的孩子。他性格暴躁,行为捉摸不定,不服管教,难以矫治。我们问他问题,他没有机智地回答我们的问题,而是自说自话,与我们的问题毫无关联。在了解了这个孩子的总体情况之后,我们得出的结论是,这个孩子虽然在养父母家中已经好几个月了,但他对他们仍然怀有敌意。结果,他并不喜欢养父母的家。

这是我们从这个新环境中所能得出的唯一结论。这对养父母先是摇头,并认为他们对待孩子很好。实际上,在这之前,没有人对他这么好过。不过,善待并不是关键因素。我们经常听到这对父母说,"我们尝试过各种办法,软硬兼施,但不起任何作用。"仅仅善待孩子是不够的。虽然许多孩子会对父母的善意有所回应,不过,我们不能由此就认为他们改变了。孩子仍会认为,这种善待只是暂时的,他们的处境并未发生根本变化,一旦这种善待消失,他们就会立即回到以前的环境。

在这样的情势下,关键是要理解这个孩子的所感和所想,即理解他自己是如何感受的,而不是这对养父母是如何想的。我们向这对养父母指出,这个孩子在他们这儿感到并不幸福。我们不能指出这个孩子的不幸福感是否有其合理性,不过,这中间肯定是发生过什么,才引起了他这样的恨意。我们告诉这对父母,如果他们感到不能矫正这孩子的错误,不能赢得他的爱,那么他们将不得不把他转送他人,因为他会不断反抗那些在他眼里是囚禁的做法。后来,我们听说这个男孩性格变得更加暴躁,甚至可以说是变成了一个危险人物。如果对他友善一点,他的情况会有些许好转。不过,这还不够,因为导致孩子这种情况的原因还不清楚。随着我们收集信息的增加,我们搞清楚了其中的原因。我们的解释是,由于这个孩子是和养父母自己的孩子一起生活,因此,他认为养父母关心、爱护自己的孩子要更甚于关心和爱护他。这肯定不是这孩子动辄发怒的原因,我们必须清楚,这个孩子不再愿意在养父母家生活。因此,任何可以帮助他实现他的愿望和目的的行为对他来说都是正确的。从他为自己设置的目标(离开养父母家)来看,他的行为是完全聪明的,我们应该放弃关于他头脑可能不健全的任何想法。过了一段时间,这对养父母才清楚,如果无力改变这孩子的行为,他们就不得不将他转送他人。

如果我们对这孩子的错误行为进行惩罚,那么,他就把惩罚作为继续反抗的好理由。惩罚强化了他的这种感觉,即反抗有理。我们的观点具有合理的根据。我们认为,所有儿童的行为错误只能被理解为他与环境互动的结果,是他们遭遇未曾准备的新环境的结果。这种错误尽管幼稚,我们也无须吃惊,因为在成人的生活之中也存在这种幼稚表现。

对于各种举止和不明显的身体语言的意义,几乎还没有人研究。教师在这方面也许是得天独厚,可以把孩子的这些表现形式纳入到一种图式之中,探讨它们相互之间的联系及其根源。我们必须记住,在不同时刻,同一种表现形式的意义并不相同;两个孩子做相同的行为,其意义也并不一样。此外,尽管问题儿童的心理相同,其表现形式却是多种多样。原因很简单,达到同一个目的,可以有多种途径。

我们不能从常识的角度来判断这些行为的对错。如果一个儿童表现了一个错误行为,这通常是由于他为自己设置了错误的目标。因此,对错误目标的追求导致了错误的行为结果。人犯错误的可能性尽管不可胜数,但真理却只有一个,这也是人性的奇特之处。

儿童的有些表现未曾被注意过,但却有其意义,例如,儿童的睡姿。这里举出一个有趣的例子。一个15岁的男孩曾被这样的幻觉所困:当时的皇帝弗兰西斯·约瑟夫死了,他的鬼魂出现在这个男孩面前,并命令他组织一支军队向俄罗斯进军。我们在夜间走进他的房间,发现他的睡姿俨然一副拿破仑指挥千军万马的样子。第二天,我们见到他的时候,发现他仍是一副类似夜间的军人姿势。可以看出,他的幻觉和清醒状态之间的联系相当明显。我们和他交谈,并试图使他相信,皇帝还活着。他不愿意承认这一点。我们了解到,他在咖啡馆服务的时候,总是因为自己的身材矮小而遭受奚落。我们问他是否有人走路的姿态与他相似,他想了一会儿回答说,"我的老师,麦尔先生。"看来,我们猜对了,只要我们把这个麦尔先生想象为另一个小拿破仑,我们的问题就迎刃而解了。更为重要的一点是,这个男孩告诉我们,他希望成为一名教师。他喜爱他的老师麦尔先生,并乐于在各个方面去模仿他。简言之,这个男孩的全部生活史都浓缩在这个姿势之中。

新环境是对儿童准备性的一种测试。如果儿童准备充分,他就会满怀信心迎接新环境。如果他对新环境缺乏准备,他就会感到紧张,并进而产生一种无能感。这种无能感会扭曲儿童的判断力,并对环境做出不真实的反应,即这种反应和环境的要求格格不入。换句话说,儿童在学校的失败不仅仅是由于学校系统的无效,还主要因为儿童准备上的缺失和不充分。

我们之所以要研究新情境,并不是因为它是儿童变坏的原因,而是因为它更为清晰地显现了儿童对新环境准备上的缺失。每一个新环境都可以被视为对儿童准备性的测试。

联系上面的情况,这里再对附录Ⅰ的问卷作些讨论。

1. 问题出现的原因是在什么时候? 如果一个母亲说他的孩子在入学之前一直很好,那么,她告诉我们的要比她实际所理解的更多。也就是说,孩子难以适应学校生活。如果这个母亲说"这个孩子在过去三年一直不好,"那么,这个回答还不充分。我们必须知道三年前孩子的环境或身体发生了什么变化。

孩子丧失自信的第一个迹象经常是他不能适应学校生活。孩子初始遭受的失败,一般都没被引起足够的重视,不过,它对孩子可能是个灾难。我们要了解,孩子是否会经常因为获得较低分数而被责打,这种低分或责打对于他追求优越感会产生什么影响。这个孩子也许会认为自己不会再有出息。特别是当他父母也习惯说,"你将一事无成,"或"你会在监狱里结束一生"时,孩子更是认为自己一文不值。

有些孩子会受到失败的激励;有些孩子则会一蹶不振。对于那些对自己及其未来丧失信心的孩子,必须加以鼓励和激励。对于他们要温柔、耐心和宽容。

草率地向儿童解释性方面的问题，会使他们陷入困惑。兄弟或姐妹的优异表现也会妨碍儿童进一步的努力和奋斗。

2. 问题出现之前有明显的迹象吗？也就是说，儿童准备性的缺失在环境变化之前曾有迹象吗？对于这个问题，我们获得了各种各样的答案。"这孩子不爱整洁，"这意味着他的母亲曾经为他整理一切。"他总是胆小，"这意味着他很依恋家庭。如果一个孩子被描述为孱弱，那么，我们可以推测，他生来有器官问题，或由于虚弱而被过分宠爱，或由于长相丑陋而被忽视。这个问题也暗指小孩可能有轻微弱智。他也许是因为身体发展缓慢而被怀疑有智障。即使这孩子后来情况好转，他仍然有一种被宠爱和被限制的感觉。这种感觉会给他应付新环境的尝试带来更多困难。如果这个孩子胆小且粗心，那么我们可以肯定，他是在寻求和确保别人对他的关注。

教师的第一要务是赢得孩子信任，然后鼓励和促进他的勇气。如果一个孩子举止笨拙，教师就必须了解他是否为左撇子。如果这孩子举止极为笨拙，教师就必须了解他是否完全理解自己的性别角色。那些在女性环境中成长的男孩会避免与其他男孩交往，并被嘲笑和愚弄，也经常被当作女孩子来对待。他们自己习惯了女性的角色，并会在后来历经相当激烈的内心冲突。对男女性别器官差异的忽视，使得这些孩子相信性别是可以改变的。不过，他们最终会发现他们的身体构造是不可改变的，因而会形成他们希望所属性别的心理倾向（男孩有女孩心理，女孩有男孩心理）来加以补偿。这些心理倾向会体现在他们的服饰和举止上面。

有些女孩厌恶女性职业。其主要原因就是她们认为这些工作没有价值。这确实也体现了我们文明的基本失误。有些职业男人拥有特权,而排斥女人,这种传统仍然存在。我们的文明明显有利于男性,并且赞成他们拥有某些特权。男孩的出生通常比女孩更受欢迎。这对男孩和女孩都产生了有害影响。女孩很快就受到自卑感的刺痛,而男孩则背负过多的期望。女孩的发展受到了限制。现在有些国家比如美国对女孩的限制不再明显。不过,在社会关系方面,即使是美国,男女也没有达到一种平衡和平等。

我们这里关注的是反映在儿童身上的人类的整体精神。接受女性角色意味着承受一些艰难困苦,因而也会不时地招致反抗。这种反抗会经常表现为难以管束、固执顽固和懒惰倦怠,这都和追求优越感的心理有关。当女孩子出现这些迹象时,教师就必须了解她是否对自己的性别不满意。

这种对自身性别的不满会扩展到所有其他方面,于是,生活通常会变成一种负担。有时我们会听到孩子希望去另一个不分男女性别的星球生活。这样的错误思想或会引起各种荒谬行径,或会导致完全的冷漠,犯罪,甚至自杀。对此进行惩罚和缺乏同情,只能加重孩子的这种欠缺感或不充分感。

如果这个小孩能审慎而自然地被教育了解男女之间的差异,认可男女具有同等价值,这种不幸状况是可以避免的。父亲通常在家里都享有优势地位,他是财产拥有者,制订规则,指导自己的妻子,向妻子解释规则并做最后决定。兄弟也试图向他们的姐妹显示自己的性别优越,并通过批评和嘲讽来使她们对自己的性别滋生不满。心理学家认识到,兄弟的这种行为常常出自他们的一种虚弱感。能做什么和似乎能做什么之间差异巨大。关于妇女时至今日还没能做出伟大业绩的论述是毫无价值的。因为女人至今也没有被教育和教导去做伟大的事情。男人总是把要补的袜子放在女人手里，并试图使她们相信这才是她们的本职工作。虽然这种情况已经发生了部分改变，但是直到今天，我们给女孩所提供的养育和教育中，也未曾体现我们对她们有异常的期待。

我们一方面没有甚至阻碍给女孩提供做非凡事情的准备性，另一方面又反过来批评她们的低微成就。这是一种短视，也没有看到其中的因果关系。要改变目前这种状况并不容易，因为不仅仅是父亲，母亲也把男性优越视为当然，她们还以此观念来教育自己的孩子。她们教育自己的孩子说，男性权威是正确的，男孩可以要求女孩顺从，女孩当然也应该顺从。孩子应该尽可能早地知道自己的所属性别，尽可能早地知道他们的性别是不可改变的。正如我们前面所说，有些女孩会形成憎恨男性权威和男性优越的观念。如果这种憎恨比较强烈，女孩就会拒绝自己的性别并尽力模仿男性。个体心理学称之为"对男性的抗议"。男女第二性征出现问题如身体畸形或身体发育不全，也会使他们成人以后根据解剖学上的完全的男女体质特征来怀疑自己的性别（女孩身上出现男性特征，男孩身上出现女性特征）。这种怀疑经常深深地根植于体质上的虚弱，并与之密切相关。身体构造稚嫩、发育不全，这在男性身上要比女性更为明显。如果男性出现这种情况，就会被认为他有女性特征。这种看法不正确，因为这个男人更像一个小男孩。身体发育不全的男人常常会感到一种痛苦的自卑，因为我们的文明认为，高大威猛、成就卓著、超越女性的男人才是理想的。同样，一个发育不全或不够美丽的女孩也经常会厌恶面对生活中的问题,因为我们的文明过于强调女性的美丽。

人的性情、脾气和情感一般被视为第三性征。敏感的男孩会被认为像女性;而从容、自信的女孩则又被描述为像男性。这些特征绝不是内在的,天生的,它们从来都是习得的。拥有这些特征的人都回忆说,他们童年时即是如此,他们成人后也承认自己童年时就古怪、另类,举止像个女孩(或像个男孩)。后来,他们根据自己对性别角色的不同理解而成长起来了。问卷的下一个问题,即性发育和性经验发展到什么程度? 也就是说在一定的年龄阶段,可以让孩子对性有一定程度的理解。可以说,至少90％的儿童在他们的父母和教育者最终告诉他们性方面的知识之前就早已对此有所知晓了。什么时候可以向孩子解释性方面的事情,并不存在硬性的规则,因为我们无法预知一个孩子对这种解释的接受和相信程度,我们也无法预知这种解释将对他产生什么影响。一旦孩子问到这方面的情况,在我们给予他们解释之前,应该对孩子当时的实际情况认真加以考虑。这里不提倡过早地向孩子作这方面的解释,尽管这并不总会产生有害的结果。

问卷中关于收养或过继的孩子的问题也比较棘手。这种类型的孩子通常会把良好的对待视为理所当然,而把一切苛刻、严厉的对待归咎于他们在家庭中的独特地位。一个失去母亲的孩子通常会紧紧依恋自己的父亲。当过一段时间父亲再婚时,这个孩子就感到自己被抛弃了,并拒绝和继母友好。有趣的是,有些孩子甚至把自己的生身父母视为继父继母,这里当然包含对他们生身父母的尖刻批评和抱怨。由于许多把继父母描述为性格歹毒的神话故事的影响,继父继母背上了一个不好的名声。这里顺便提一下,神话故事并不是儿童的最佳读物。这当然不可能完全禁止,因为孩子会从中了解很多关于人性的知识。不过,应该在这些神话故事读物中附上正确的评论,应该阻止他们阅读那些含有残忍描述和扭曲幻想的神话故事。人们有时会运用那些有强者残忍行为的神话故事来磨砺儿童,使他们坚强粗犷,克服其温柔的情感。这又是一个源自英雄崇拜的错误观念。男孩子认为表示同情是一种没有男子汉气概的表现。温柔的情感遭受嘲弄,这很令人费解。温柔的情感如果不被误用和滥用,毫无疑问是有价值的。当然,任何一种情感都可能被误用和滥用。

私生子的处境尤为艰难。说女人和孩子应该承受这种负担,而男人则逍遥自在,这并不公道。这其中付出代价最大的当然是孩子。不管人们如何想去帮助这种孩子,都不可能消弭他的痛苦,因为常识很快就会告诉他,他的境遇并不正常。私生子会受到同伴等人的嘲笑,或者国家的法律使得他们处境艰难,法律把他们烙上私生子的印迹。于是,他们会变得很敏感,容易和人发生争吵,并对周围世界抱有敌意,因为每一种语言都有一些丑陋的、侮辱性和鄙视的字眼来称呼他们这些私生子。这就不难理解,为什么问题儿童和罪犯之中有那么多的孤儿和私生子。孤儿和私生子的反社会倾向不是天生和遗传的,而是环境的结果。

第十章 孩子在学校

　　当一个孩子进入学校学习时，正如上章所说，他会发现自己进入了一个全新的环境。正如所有其他的新环境一样，学校也是对儿童先前的准备性的一种测试。如果他准备良好，他会顺利通过这种测试；相反，如果他准备不足，他这方面的欠缺就会暴露无遗。

　　我们一般没有记录下孩子在进入幼儿园和小学时心理准备的情况，不过，这种记录（如果有的话）会帮助我们解释孩子成年以后的行为。这种"新环境的测试"当然比一般的学校成绩更能揭示出这些孩子的情况。

　　当一个孩子上学时，学校对他会有什么要求呢？他需要和教师合作，和同学合作，同时还要对学习科目产生兴趣。通过孩子对学校这个新环境的反应，我们可以判断出他们的合作能力和兴趣范围，可以判断出他对哪些学科感兴趣，判断出他是否对别人的说话感兴趣、是否对所有一切都感兴趣。要确定这些方面的情况，我们需要研究儿童的态度、举止、眼神和倾听别人说话的方式，需要研究他是否以友好的方式接近老师，还是远远地躲避老师，等等。

　　这些细节如何影响一个人的心理发展，这里仍以一个案例来说明。一个男性病人因在职业上遇到诸多问题,便去找心理学家治疗。心理学家从他对童年的回顾中发现,他是父母唯一的男孩,在姐妹群中长大;他出生不久父母就去世了。到了上学的年龄时,他不知道是到女子学校还是到男子学校就读,后经他的姐妹劝说,便去了女子学校读书。不过,他很快就被学校辞退了。我们可以想象这件事会对他的心理产生多大的影响。

学生是否专注于自己的学业,在很大程度上取决于他对教师的兴趣。促使并保持学生的专注,发现学生是否专注或是否能够专注,这是教师教学艺术的一个部分。有许多学生不能专注于自己的学业。他们一般是那些被宠坏的孩子,一下子被学校里这么多的陌生人吓坏了。如若教师又较为严厉一点,这些孩子就会表现出似乎记忆力欠缺。不过,这种记忆力欠缺并不像我们通常所理解的那样。那些被教师指责为记忆力欠缺的学生,却能对学业之外的事情过目不忘。他们完全能够精神专注,但这只有在溺爱他们的家庭情境中出现。他们的全部精力都集中在被宠爱的渴望上,而不是集中在学校的学业上。

对于这些在学校里难以适应、成绩不佳和考试不及格的孩子,批评或责备是没有用的。相反,批评和责备只能让他们相信,他们不适合上学,并对上学产生悲观消极的态度。

值得注意的是,如果这种孩子一旦获得教师宠爱,他们通常都会成为好学生。如果学习对他们有好处,他们当然会努力学习;不幸的是,我们不能保证他们永远受到宠爱。如果他们转学或更换了教师,或他们在某一学科(算术对于被溺爱的孩子来说永远是一门困难而危险的学科)上进步不大,他们就可能突然裹足不前。之所以不能勇往直前,是因为他们已经习惯了别人把他们所面临的每件事都搞得轻松容易一些。他们从未被训练去奋然努力,也不知道如何去奋然努力。对于克服困难,对于通过有意识的努力而勇往直前,他们没有耐心,也没有毅力。

接着,我们来探讨一下什么是良好的入学准备。在孩子不良的入学准备上,我们总是可以看到母亲的影响。我们知道,母亲是第一个唤醒孩子兴趣的人,并在指导孩子把兴趣转入健康的渠道方面起着关键作用。如果母亲没有尽到责任,其结果就会明显地体现在孩子在学校的表现上。除了母亲对孩子的影响外,还有其他一些复杂的家庭影响因素,如父亲的影响,孩子间的竞争,我们将在其他章节予以分析。此外,还有其他一些外在因素,如不良的社会环境或偏见,我们将在接下来的章节对此进行详细论述。

简言之,由于这些因素会对孩子的入学准备产生不良影响,因此,仅仅根据孩子的学习成绩(例如分数)来对孩子进行评价和判断是愚蠢的。我们倒是应该把学校成绩报告视为儿童目前心理状况的反映。这些成绩报告反映的不仅仅是他所获得的分数,更是反映了他的智力、兴趣和专注能力,等等。学校考试和诸如智力测试等科学测试尽管在结构和形式方面存在差异,其实质并无不同。这两种测试的重点都应该放在揭示儿童的心理上,而不是记录下一堆事实。

近年来,所谓的智力测试获得了长足发展。教师们很看重这种测试。的确,这种测试有时也有价值,因为它们会揭示出普通测试所不能揭示的东西。这种测试还曾一度是儿童的救星。如果一个孩子学习成绩较差,教师也想让他降级,而智力测试却突然揭示这孩子智商很高,于是,这个孩子不仅没有降级,反而被允许跳了一级。他感觉颇为得意,他的行为也因此大为改变。

我们并不想贬低智力测试和智商的功能,我们的意思是,如果要进行测试,那么被测试的孩子及其父母都不应该知道测试的结果,即智商的高低。因为孩子及其父母并不理解这种智力测试的真正价值。他们会认为这种测试结果是对孩子一种最终的和完整的评定,认为测试结果判定了孩子的最终命运,这个孩子从此也就会受这种测试结果的限制和左右。实际上,把测试结果绝对化的做法,一直备受人们的批评。在智力测试中获得高分并不能保证孩子的未来成功,相反,那些长大成人以后获得成功的孩子在智力测试中却获分较低。

按照个体心理学家的经验,如果孩子在智力测试上获分太低,我们可以找到正确的方法来提高他的分数。办法之一就是让孩子琢磨某种类型的智力测试,直到他们发现其中的窍门和他应做的准备。孩子可以通过这种方式获得进步,积累经验,并在以后的测试中,取得更高的分数。

学校的日常教学如何影响学生,孩子是否为沉重的课业负担所累,这也是一个重要的问题。我们不是贬低学校课程中的科目,也不认为要削减这些数量繁多的科目。重要的是,这些科目要连贯和统一。这样孩子就能理解这些科目的目的和实际价值,也不会把它们看作是纯粹抽象的理论。对于是应该教育孩子学习知识,还是注意发展他们的人格,这一问题目前颇受争议。个体心理学认为,两者可以兼顾。

正如我们已经说过的那样,学习科目的教学应该富有趣味,并与实际生活相联。数学(算术和几何)的教学应该与建筑的风格和结构、居住其中的人等联系起来。有些科目可以结合在一起来教。有些更为进步的学校就有一些懂得把科目相互联系起来进行教学的教学专家。他们和孩子们一起散步,试图发现孩子对哪些科目更有兴趣。他们力图把某些学习科目结合起来教学,例如,把对某一植物的教学和这一植物的历史、所生长国家的气候等结合起来教学。这些教学专家通过这种方式,不仅激发了那些对这一学科本无兴趣的学生的兴趣,而且还使这些学生能以融会贯通的方法处理事情,这也是所有教育的最终目的。

还有一点,教育者也不能忽视,即在学校读书的孩子都感到自己处于一种竞争之中。我们很容易理解为什么这一点比较重要。理想的班级应该是一个整体,每个学生都可以感到自己是这个整体的一分子。教师应该注意把竞争和个人的野心限制在一定的程度。有的学生不喜欢看到别人遥遥领先,他们或不遗余力去追赶,或陷入失望,带着主观的情绪看待事物。这就是为什么教师的建议和指导如此重要。教师一句恰当的话会把孜孜于竞争的学生引向合作的轨道。

制定适当的班级自治计划会对加强合作有所助益。我们不必等到学生完全准备好了进行自治才去制定这类计划。我们可以先让孩子观察班里的情况,或提出建议。如果不做好相应的准备就给予学生完全的自治,那我们就会发现,他们在惩罚方面比教师更为严格和严厉,或他们甚至会运用政治手腕来为自己谋取好处和优越感。

评价儿童在学校所取得的进步时,我们应该既要考虑教师的意见,同时也要考虑孩子的意见。一个有趣的事实是,孩子在这方面具有良好的判断力。他们知道谁拼写最好,谁绘画最好,谁运动最好。他们能够很好地相互打分。他们有时未必十分公正,不过,他们能意识到这点,并能尽力做到公正。在评价方面最大的问题就是学生的妄自菲薄。他们会认为,"自己永远赶不上别人"。教师必须向他们指出这种自我评价方面的错误,否则,这会成为儿童终身的判词,永难改变。一个拥有这样自我观的儿童永远不会取得进步,只会踏步不前。

绝大多数孩子的学校成绩总是变化不大:他们要么最好,要么最差,要么居于平均水平。这种变化不大与其说反映了他们的智力发展水平,不如说反映了孩子心理态度的惰性。它表明了儿童自己局限自己,经过若干挫折后便不再抱乐观态度了。不过,有些儿童的成绩会不时出现一些相对变化。这一事实很重要:它表明儿童的智力发展水平并不是命中注定,一成不变。学生们应该认识到这一点。教师也应该教育他们懂得实际运用这个道理。

教师和学生都要破除这样的迷信观念,即把智力正常的儿童所取得的成绩归因于特殊的遗传。这也许是儿童教育中最大的谬误,即相信能力是遗传的。当个体心理学率先指出这一点时,人们认为这只不过是我们的乐观之见,并无科学依据。不过,现在越来越多的心理学家和病理学家开始相信我们的看法。能力遗传的说法太容易被父母、教师和孩子用作替罪羊了。每当出现困难,需要人们努力加以解决时,人们就搬出遗传原因来推卸责任。但是,我们没有权利逃避我们的责任,我们应该永远对那些旨在推脱责任的任何观点持怀疑和否定态度。

一个教育工作者，一个相信自己教育的价值的教育工作者，一个相信教育可以训练人的性格的教育工作者，不可能毫无逻辑矛盾地认可能力遗传的观点。我们这里并不关注身体上的遗传。我们知道，器官的缺陷，甚至器官的能力差异是可以遗传的。不过，连接器官的功能和人的精神能力之间的桥梁是什么？个体心理学坚持认为，精神也在体验和经历着器官所拥有的能力水平，并且也要顾及器官所具有的能力。不过，有时精神对器官的能力顾及太多，器官的缺陷吓坏了精神，以至于器官缺陷消除之后，精神的恐惧却还会持续很久。

人们总是喜欢究本穷源，总喜欢探寻事情发展的根本。不过，我们在评价一个人的成就时，这种究本穷源的癖好（即相信能力遗传）却是一种误导。这种思维方式常见的错误就是忽略了我们祖先的众多性，忽略了在我们家族世系中，每一代都有父母两人。这样，如果我们上溯到第 5 代，那么就有 64 位先祖，这 64 位先祖中毫无疑问会有一位可将其后人的才能归因于他的聪慧才智；如果我们上溯到第 10 代，那么就会有 4 096 位先祖，其中我们无疑可以发现至少一位可将其后人的才能归因于他的出类拔萃。当然，我们也不要忘记，出类拔萃的祖先留给家族的流风余韵对孩子发展的影响类似于遗传的功效。由此，我们可以理解，为什么有些家族比其他家族更加人才辈出。显然，这并不是因为遗传，而是因为家族的流风余韵。我们只要回顾一下过去欧洲的情况就可以明白这个道理，因为那时的孩子往往被迫继承父亲的事业。如果我们忽略了这一社会制度的作用，那么，自然就会对有关遗传作用的统计数字印象极为深刻，错以为这些数字具有相当的说服力。

　　除了关于能力遗传的错误观念之外，儿童发展的另一个最大障碍来自家长对他们成绩不佳的惩罚。如果一个孩子的成绩不好，他会发现老师并不怎么喜欢他。他在学校为此苦恼，回到家里又会遭受家人的责备。父母会批评他，甚至还经常责打他。

　　教师应该清楚不佳的成绩单带来的后果。有些教师以为，如果学生不得不把欠佳的成绩单向父母展示，那么他会因此更加努力。不过，这些教师忘记了有些家庭的特殊情况。有些孩子的家庭教育极为严格，甚至严厉。这种家庭的孩子会对是否把不好的成绩单带回家而犹豫不决。结果，他可能根本不敢回家；极端的情况下，他甚至会由于恐惧父母责备而绝望自杀。

　　教师自然不用对学校制度负责，他们完全可以用自己的同情和理解来缓和一下学校制度非人性和苛刻的一面。教师可以对那些具有特殊家庭背景的孩子宽和一点，鼓励他们，而不是把他们赶上绝路。那些成绩老是不佳的孩子会感到心情沉重和压抑，别人不停地说他是学校最差的学生，结果他自己也这么认为。设身处地想一下，我们就很容易理解为什么这些孩子不喜欢学校。这也是人之常情。如果一个孩子总是受到批评，成绩不好，并丧失了赶上其他学生的信心，那么，他自然就不会喜欢学校，自然会设法逃离学校。因此，一旦遇到这种孩子逃学旷课，我们也不用感到惊奇。

　　虽然我们对这种情况的发生不必惊恐万状，但还是应该认识到其中的含义。我们应该认识到，这是一个糟糕的开始，尤其是这种情况通常会发生在青春期的孩子身上。为了使自己不受责罚，他们会涂改成绩单，逃学旷课，等等。他们会和同类学生混在一起,形成帮派,并逐步走上犯罪道路。

如果我们认可个体心理学的观点,即没有不可救药的孩子,那么,这一切都是可以避免的。我们认为,总是可以找到方法来帮助这类孩子。即使是在最糟的情况下,也总会有解决之道。当然,关键是我们要去寻找。

对于学生留级的坏处,几乎不用我们去说。教师一般都会认为,留级生会给学校和家庭带来问题。虽然情况并不完全如此,但例外的情况是少之甚少。绝大多数的留级生都不止一次地重读。他们总是落后,这是因为他们的问题总是被回避了,从未得到解决。

在什么情况下才让孩子留级,这是一个困难的问题。很多教师成功地避免了这个问题。他们利用假期来辅导孩子,找出他们生活风格中的错误并加以矫正,从而使得这些孩子能顺利地升级。如果学校有这种特殊的辅导老师,那么这种方法值得推广。我们有社会工作者,上门给孩子家教的老师,但却没有这种补课的辅导老师。

德国没有上门给孩子家教的制度,我们似乎不需要这种教师。公立学校的任课教师对孩子的了解最为清楚。如果他懂得如何正确观察,他就会比其他人更了解班级的实际情形。有人会说,因为班级人数太多,任课教师不可能了解每一个学生。不过,如果我们从孩子一入学就开始观察他们,我们就会很快认识到他们的生活风格,这样也可以避免一些后来观察的困难。即使是班级很大,这也能做得到。显然,我们了解这些孩子要比不了解会更好地教育他们。班级人数过多当然不是一件好事,应该加以避免。不过,这并不是一个难以克服的障碍。

从心理学的角度来说，我们最好不要每年更换教师，或像有些学校那样，每隔 6 个月就更换教师。教师最好是跟班，随学生进入新的年级。如果一个教师能执教同样的学生 2 年、3 年或 4 年，这会大有裨益。因为这样一来，教师就可以有机会密切地观察和了解所有的孩子，就能知道每个学生的生活风格中的错误，并能加以矫正。

有些学生会跳级。跳级是否有好处，尚有争论。这些学生往往不能满足自己由于跳级而带来的过高期望。只有那些在班级年龄相对较大的孩子，如果他们成绩出色，才可以考虑让他们跳级。那些曾经留级后来又努力赶了上来且成绩出色的孩子，也可以考虑让他们跳级。我们不能因为学生学习成绩好或因为他懂得比别人多，而把跳级作为一种奖赏。如果这些成绩出色的孩子把一些时间投入到课外学习如绘画、音乐等，这对他们更有好处。这对整个班级也有益处，因为他对其他学生也是个激励。把班级中的好学生抽走并非好事。有人说，我们总是要促进聪明杰出的学生的发展。对此，我们并不苟同。相反，我们认为，正是成绩优异的学生带动了整个班级的进步，并赋予班级进步更大的动力。

探讨一下快班和慢班学生的发展情况也有意思。我们会惊奇地发现，快班中的一些学生的智力实际上却很有问题，而慢班的学生也并非像多数人所认为的那样，也不是智力低下，只是出身贫困家庭而已。贫困家庭的孩子一般在学校都有呆笨的名声。其原因是他们对于学校缺乏准备性。这很容易理解。他们的父母过于操劳和忙碌，从而没有时间关注自己的孩子，或这些父母所受教育不足以胜任这样的教育任务。这些对学校缺乏准备的学生不应该被编入慢班。对孩子来说，编入慢班是一种不好的标记，并总会受到同伴的取笑。

照顾这种孩子的更好办法就是发挥辅导老师的作用。之前，我们已经对此讨论过了。除了辅导教师外，我们还应该有儿童俱乐部，让孩子们在这里获得额外的辅导。他们可以在这里做家庭作业，玩游戏，阅读，等等。这样他们就可以锻炼勇气，获得自信。而他们在慢班体会到的只能是灰心和丧气。如果再给这种俱乐部配以更多的游乐场地，那么就可以使这些孩子完全远离街道，远离不良环境的影响。

男女同校的问题也一直是所有教育实践争论中会遇到的问题。有人指出，我们原则上应该促进男女同校的发展。这是男女学生更好地相互了解的一种好方法。不过，认为男女同校可以任其发展的观点，则大谬不然。男女同校会涉及一些特殊问题，需要加以考虑，否则，其缺点会大于其优点。例如，人们通常会忽视这样一个事实，即女孩子在 16 岁之前要比男孩子发育成长得更快。如果男孩子没有认识到这一点，那么，当他们看到女孩子发展比他们快的时候，往往会心理失衡，并和女孩进行一场毫无意义的竞赛。如此之类的事实，学校的管理者和任课教师都必须在他们的工作中加以考虑。

如果教师喜欢男女同校，并且能够理解其中的问题，那么，男女同校就可以获得成功。不过，如果教师不喜欢男女同校，也因此感到这是一种负担，那么，他们的教育和教学就必然失败。

如果男女同校的制度管理不善，对孩子们又缺乏正确引导和管理，那么，这必然会产生性的方面的问题。我们将在第十二章详细讨论学校的性教育问题。这里仅仅指出，性教育问题极为复杂。

事实上,学校并不是性教育的合适场所,因为当教师面对整个班级谈论性问题的时候,他不知道学生的个别反应。当然,如果学生私下询问性方面的问题,则又另当别论。如果女孩子询问这方面的情况,教师应该给予正确回答。

在偏离主题来讨论多少是属于教育的管理方面的问题之后,我们再回到本章问题的核心。通过了解儿童的兴趣和发现他们所擅长的科目,我们总可以找到如何教育他们的方法。成功引发更多的成功,对教育是这样,对人生的其他方面又何尝不是如此。这就是说,如果一个孩子对某一学科感兴趣,并取得了成功,那么,这会激励他尝试去学好其他的科目。教师的一个职责就是利用学生的成功去激励他获得更多的知识。单是学生自己并不知道如何做到这点,不知道如何依靠自己来提升自己,这就像我们所有人从无知迈向有知时经历困惑而需要帮助一样。不过,教师能在这方面给予学生帮助。教师若能这么做,他就会发现,学生会认识到这一点,并予以积极配合和合作。

上面关于找出孩子感兴趣科目的讨论,同样也适用孩子的感觉器官。也就是说,我们必须找出孩子最经常使用的感觉器官,找出他们喜爱哪种感觉类型。许多孩子在视觉上受到良好的训练,有些孩子则在听觉上受到良好训练,还有些孩子在运动上受到良好训练,等等。近年来,时兴起一种所谓的劳动学校,这些学校奉行这样一种正确原则,即把科目教学和眼耳手的训练联系起来。这些学校的成功显示了利用孩子的感官兴趣的重要性。

如果教师发现一个孩子偏爱用眼睛,属于视觉类型,他就应该使所教科目的内容便于眼睛的使用,例如地理。因为这孩子看的效果要比听的效果好。这只是教师观察学生所获得的认识之一。教师还可以通过观察获得其他诸如此类的认识。

总之，理想的教师负有一种神圣的、激动人心的使命：他铸造学生的心灵，人类的未来也掌握在他的手中。

不过，我们如何从理想过渡到现实呢？仅仅建构理想的教育是不够的。我们还必须找到一种方法来推进理想的实现。很久以前，本书的作者就在维也纳开始寻找这样的方法。寻找的结果就是在学校里建立教育咨询诊所。[1]

诊所的目的就是用现代心理学知识服务于教育系统。诊所会在一定的日子举办咨询活动：有一位不仅懂得心理学、也了解教师和父母生活情况的杰出心理学家和教师们一起参与活动。教师们聚集在一起，每人都提出一些问题儿童的案例，如懒惰，扰乱课堂纪律，小偷小摸，等等。有个教师描述了一个具体案例，然后由心理学家提出他自己的经验和知识，并开始讨论，其中包括问题的原因是什么？问题什么时候出现？应该怎么做？这需要对这个孩子的家庭生活和整个心理发展史加以分析。最后把各种信息综合起来，对一个具体的问题儿童做出一个具体的矫正决定。

这个孩子和母亲参与了第二次咨询活动。在确定对母亲做工作的具体方式以后，先是和母亲面谈。这个母亲听取了他的孩子遭遇挫折的原因解释。接着，由这位母亲讲述了这个孩子的情况，再由心理学家和她讨论。一般来说，母亲看到别人对她孩子的案例感兴趣应该很高兴，并乐于合作。如果这位母亲不够友好，并富有敌意，那么，教师或心理学家还可以谈论一些类似的案例或其他母亲的情况，直到她的抵触情绪被化解为止。

最后，在商定帮助孩子的方法之后，孩子便走进咨询室。他见到了教师和心理学家。心理学家和他谈话，但并不谈他的错误。心理学家就像在课堂上课一样，以一种孩子能理解的方式客观地分析问题、问题的原因和导致他受挫的观念和想法。心理学家帮助孩子了解清楚他为什么受挫，而其他孩子受到偏爱；为什么他对成功不抱希望，等等。

这种咨询方法持续了将近 15 年，在这方面受到训练的教师非常满意，也不想放弃持续了 4 年、6 年或 8 年的工作。

孩子们在这种咨询活动中得到双重的收益：原来的问题儿童恢复了心理健康，他们学会了与人合作，恢复了勇气和自信。那些没有去咨询诊所接受咨询的学生也获益匪浅。当班级个别学生出现潜在问题的时候，教师会提议孩子们对此展开讨论。当然，教师要对讨论进行指导，孩子们参与讨论，都有充分机会各抒己见。他们开始分析某个问题的原因，比如个别学生的懒惰，最后会得出结论。虽然这个懒惰的孩子并不知道他就是讨论的话题，但仍会从众人的讨论中获益良多。

这个简短的总结显示了把心理学和教育结合在一起的可能性。心理学和教育是同一现实和同一问题的两个方面。要指导心灵，就需要了解心灵的运作。只有那些了解心灵及其运作的人才能运用他的知识指导心灵走向更高、更普遍的目标。

注释

[1]　参见阿德勒及其助手著：《儿童指导》，格林伯格出版社，纽约。这本书中详细地记述了诊所的历史和咨询的技术技巧以及诊所取得的成果。

第十一章　外在环境对儿童成长的影响

个体心理学在心理和教育方面视野广阔,固然不会忽视外在环境的影响。古老的内省心理学太过狭隘,为了研究这种心理学所遗漏的事实,冯特认为有必要创建一种新的科学——社会心理学。不过,个体心理学则不认为有这个必要,因为它既注重个体心理,同时也不忽视外在的影响因素。它并不只专注个体心理,而不考虑影响心理的环境因素;也不只专注环境因素,排斥个体独特心理的重要性。

负有教育职责的人或教师不应该认为他是儿童唯一的教育者。外界的影响也会涌入儿童的心理,并直接或间接地塑造了他。这就是说,外界因素是通过影响父母及其心理状态来影响儿童的心理。外在影响是不可避免的,因此,个体心理学必须加以考虑。

首先,所有的教育者都必须考虑到经济因素对儿童心理的影响。例如,我们必须记住,有些家庭世代经济窘迫,总是满怀痛苦而悲伤地挣扎着生活。这种家庭为这种痛苦和悲伤所笼罩,因而不可能教育孩子持一种健康与合作的人生态度。他们饱受心灵的压抑,总是为经济恐慌所困,因而不可能有合作的心态。

　　另一方面，我们也不要忘记，长期的半饥饿或恶劣的环境会对父母和儿童的生理产生不利影响，而且这种生理影响反过来又会对心理产生重要影响。这可以从第一次世界大战后欧洲出生的儿童身上看出。这些孩子的出生和成长的环境要比他们的前代人更为艰难。除了经济环境及其对儿童成长的影响外，我们也不要忽视父母对生理卫生的无知而带来的影响。这种无知和父母羞怯与溺爱的态度息息相关。父母溺爱孩子，担心他们受苦。不过，有时他们却又比较粗心，比如，他们会认为，脊柱弯曲会随年龄增长而消失。他们并没有及时带孩子去看医生。这当然是一个错误，特别是有些城市并不缺乏医疗服务设施。身体状况不良如果得不到及时治疗，就会成为严重而危险的疾病，并可能留下心理创伤。从个体心理学的观点来看，每个疾病都是心理上一个"危险的暗礁"，因此，要尽可能地加以避免。

　　如果"危险的暗礁"未能加以避免，我们可以通过发展儿童的勇气和社会情感来降低它的危险性。事实上，可以说，只有当一个儿童缺乏社会情感时，生理疾病才会对心理产生影响。对于一个感到自己是环境一分子的儿童，危险的疾病对他心理的影响不会像这种疾病对一个被溺爱的孩子那样强烈。

　　病例经常显示，那些得了百日咳、脑炎和舞蹈病等孩子的心理都开始出现问题。人们以为是疾病造成这些心理问题。不过，疾病实际上只是诱发了这些孩子潜在的性格缺陷。患病期间，孩子感受到了自己的力量，他发现他可以控制家人。他看到了父母脸上的担忧和焦虑，知道那完全是因为他的缘故。病愈之后，他仍想继续成为关注的中心，并以各种要求摆布父母来达到这个目的。

这当然只发生在那些缺乏社会情感训练的儿童身上，因为他们需要以此来表现自我。

　　不过，有趣的是，疾病有时却可以改善儿童的性格。这里有个关于一位教师的次子的案例。这位教师曾经很为这个孩子担忧，却又束手无策。这孩子有时离家出走。他总是班里成绩最差的学生。一天，这位父亲带他去管教所改造，这孩子被发现得了忧郁型肺结核。这是一个要求父母长时间悉心照料的疾病。这孩子最终病愈后，却变成了家里最乖的孩子。这孩子所需要的就是父母的额外关注，而疾病期间他得到了这种关心。他以前不听话的原因就是他感到自己生活在有才干的哥哥的阴影之下。既然他没有像哥哥那样得到家人的喜欢，所以就不断地抗争。不过，疾病使他相信，他也可以像哥哥一样得到父母的喜爱，因此，他就学会了用良好行为来获取父母的关注。

　　还应该注意的是，疾病经常会给儿童留下难以消磨的印象。儿童对于诸如危险的疾病和死亡等事情，常感震惊和震撼。疾病留在心灵的印记，会在后来的生活中显现出来。我们会发现有些人只对疾病和死亡感兴趣。其中一部人会找到发挥自己对疾病感兴趣的正确之道，也就是说，他们成为了医生或护士；但更多的人却一直担惊受怕，疾病的阴影在他们的心理挥之不去，严重妨碍了他们从事有益的工作。对100多名女孩的调查表明，将近50％的人承认，她们一生中最大的恐惧就是想到疾病和死亡。

　　因此，父母要注意避免孩子在童年期间太受疾病的影响。他们应该让孩子对此类事情有所准备，避免他们受到疾病突如其来的打击。要给孩子这样的印象：生命纵然有限，关键是要活得有意义。

儿童生活中的另一个"暗礁"是跟陌生人、家庭的熟人或朋友的接触。跟这些人接触之所以会对儿童心理产生不良影响，是因为这些人实际上并不真正对孩子感兴趣。他们喜欢逗孩子开心，或在最短时间内做那些可以给孩子留下印象的事情。他们对孩子的高度赞扬，会使孩子变得自负起来。这些人在与孩子短暂相处中，会尽力宠爱、纵容他们，从而会给孩子的正常教育带来麻烦。所有这些都应该加以避免。不应该让陌生人干扰了父母的教育方法。

另外，陌生人通常还会弄错孩子的性别，称小男孩是"美丽的小女孩"，或称小女孩为"漂亮的小男孩"。这也应该加以避免，理由会在"青春期"一章来讨论。

家庭的环境对于儿童的成长自然也非常重要，因为它让孩子看到家庭对社会生活的参与程度。换句话说，家庭环境给予了孩子关于合作的最初印象。那些生长在封闭的、不与人交往的家庭中的孩子，通常会在家人和外人之间划上明显的界限。他们感到似乎有一条鸿沟把他们的家庭和外部世界割裂开来，也自然会用充满敌意的眼光来看外部世界。这种家庭不会增进与外部世界的社会关系，只会使孩子疑心很重，并只从自己的利益出发来看待外部世界。这当然会阻碍儿童社会情感的发展。

孩子到了3岁时，就应该鼓励他们和其他的孩子一起做游戏，应该训练他们不害怕陌生人。否则，这些孩子以后与人交往时会脸红、胆怯，并对他人怀有敌意。这通常会发生在被宠坏的孩子身上。这种孩子总想"排斥"他人。

父母若能较早注意矫正孩子的这些毛病，就肯定会给孩子以后的生活免去很多麻烦。如果一个孩子在出生后的三四岁间受到良好的养育，如果他们被鼓励和其他孩子一起做游戏，富有集体精神，那么，他不仅不会在与人交往时脸红、胆怯和自我中心，也不会患上神经官能症或精神错乱。只有那些生活封闭、对人不感兴趣和无法与人合作的人，才会患上神经官能症和精神错乱。

在讨论家庭环境对孩子成长的影响时，我们应该提到家庭经济境况变化对儿童的不利影响。如果富裕之家堕入困顿，特别是孩子年幼之时家庭的这种变故，会给孩子的成长带来明显的不利影响。这种变故对被宠坏的孩子来说尤为难以忍受，因为他过去已经习惯了被人宠爱和关注。他不免总是怀念以往的优越生活，痛惜它们的逝去。

家庭暴富也有可能对孩子的成长产生不利影响。这样的父母可能对合理使用财富方面准备不足，尤有可能在财物上对孩子犯错。他们想给孩子好的生活，并宠爱和纵容他们，因为他们觉得现在不需要对钱物吝啬了。结果，我们经常会在这样的新近暴富之家发现问题孩子。暴富家庭之子往往就是这种问题孩子的典型代表。

如能恰当地训练孩子的合作精神和能力，上面诸如此类的问题，甚至灾难都是可以避免的。所有这些（外在）处境犹如一个个敞开的大门，儿童借以逃避了合作精神和能力方面的训练，对此，我们尤其要严格留意。

不仅外在的物质环境如贫穷和暴富会对孩子产生心理影响，不正常的精神环境也会对儿童的成长带来困难。对此，我们首先想到的是源自家庭的偏见。这种偏见的产生大多是因为家庭成员的不良行为，例如，父亲或母亲做了丢人现眼的事情。这会对孩子心理产生极大影响。他会对未来感到害怕和恐惧，总想躲避同伴，担心被人发现是这种父母的孩子。

作为孩子的父母，我们不仅有责任教育孩子阅读、书写和做算术，还要为他们创造一个健康成长的心理气氛，这样，孩子就不会比其他孩子承受更大的困难。因此，如果父亲是个酒鬼，或脾气暴烈，他就应该意识到这都会影响到他的孩子。如果父母婚姻不幸福，总是相互争吵，为此付出的代价将是孩子。

这些童年经历镌刻在孩子的心灵深处，难以从记忆中抹去。当然，如果孩子学会与人合作，这些经历的影响也可以消除。不过，这些经历造成的创伤却妨碍了他与人合作。这也是近年来学校儿童咨询诊所运动兴起的原因。如果父母因为这样或那样的原因未能履行自己的职责，那么，经过心理学训练的教师将承担起他的责任，指导孩子走向健康的生活。

除了产生于个人之间的偏见外，还有源于国家、种族和宗教的偏见。我们总是能够发现，这种偏见不仅伤害被侮辱的儿童，甚至也会伤害侮辱的实施者。后者会变得自大和自负；他们会认为自己属于优越群体，并在生活中尝试去落实自己树立的优越目标，但他们也只会以失败而告终。

这种民族之间和种族之间的偏见一般都是战争的基本根源。如要拯救人类的进步和文明，就必须根除酿成这种人类大祸的偏见。对此，教师的任务是阐明战争的真实根源，而不是给予孩子轻易、低廉的机会去通过舞枪弄棒来表达自己对优越性的追求。这不是为以后的文明生活应做的准备。许多孩子后来投身军旅，多是童年时代军事教育的结果；除了这些从戎的孩子外，还有无数的孩子会因为少时厮杀打仗游戏的影响，而在后来的生活中心理残缺不全。他们总像战士一样好勇斗狠，始终无法学会与人相处的艺术。

在圣诞节或其他节日，父母尤其要对送给孩子的玩具加以留心注意。父母应该杜绝孩子玩刀枪棍棒和战争游戏，同时也要禁止他们阅读崇拜战争英雄及其事迹的图书。

关于如何选择适当的玩具，要说的很多。不过，其原则是我们应该挑选那些能够激励孩子的合作意识、建设性精神和能力的玩具。孩子自己制作玩具当然会比玩弄现成的玩具如布娃娃和玩具狗更有意义和价值。顺便指出，还要教育孩子尊重动物，不要把他们当作玩具，而是要把它们视为人类的朋友，教育他们既不要害怕动物，也不要任意驱使和虐待动物。如果孩子虐待动物，我们可以认为他有欺负弱小的倾向。家里若有小鸟、小狗和小猫等动物，我们要教育孩子把它们看作和人类一样能够感受痛苦的存在。我们可以把孩子学会与动物相处视为他们与人进行社会合作的准备阶段。

孩子的成长中总是有相关的亲戚因素。首先就是祖父母。我们不得不以冷静的客观态度来看这些祖父母的困境和境遇。祖父母的处境在我们这个时代有点悲剧色彩。随着年岁增长，他们本该有更多的扩展空间，应该有更多的事务和兴趣。不过，我们的时代却完全相反。老人感到被社会抛弃，被晾在一边，待在角落里。这非常可惜，因为这些人还可以做更多的事情，如果有更多的工作和奋斗机会，毫无疑问，他们会更幸福，更快乐。我们不应该建议一个60岁、70岁或80岁的人从自己的事业上退下来。继续他的事业显然要比改变他一生的计划要容易得多。不过，由于错误的社会风俗，我们却把那些仍充满活力的老人晾在一边，束之高阁。我们不再给予他们继续表现自我的机会。这样会产生什么结果呢？我们对待老人的错误便殃及孩子。祖父母总是试图证明（他们本来却不必如此去证明自己）他们仍然充满活力，仍然对这个世界有用。为此，他们总是干预孙子孙女的教育，并用一种灾难性的方式去证明自己仍然懂得如何教育孩子，即对孩子呵护备至，宠爱纵容。

我们当然应该避免伤害这些好心的老人的感情。我们应该给予这些老人更多的活动机会，但要让他们知道，孩子需要作为一个独立的个体而长大成人，孩子不应该成为他人的玩物，也不应该把他们牵涉进家庭的纠纷里。如果老人和孩子的父母发生争论，那就让他们去争论吧！但是，千万不要把孩子卷进去。

我们经常发现，那些患有心理疾病的人，大多曾是祖父或祖母的"最爱"。我们很容易理解为什么祖父母的"疼爱"会导致孩子后来的心理疾病。因为所谓"最爱"要么意味着溺爱纵容，要么意味着挑起孩子间的相互竞争或相互妒忌。许多孩子会对自己说，"我是祖父的最爱"，这样，他们一旦不是其他人的"最爱"时，就会感到受伤害。

在其他对孩子成长产生影响的亲戚中，有一类也很重要，这就是"聪明的表兄弟姐妹"。他们也会给孩子的成长带来麻烦。有时他们不仅聪明，而且漂亮。当人们对一个孩子提起他的表兄弟或表姐妹不仅聪明而且漂亮时,不难想象,这会给孩子带来苦恼。如果这个孩子自信且具有社会情感,他就会理解,所谓聪明仅仅意味着"获得了较好的训练或准备",那么,他自己也会找到赶上去的方法。不过,如果他像多数人那样认为聪明是上天赐予的,是天生的,那么,他就会感到自卑,感到命运不公。这样,他的整个成长就会受到阻碍。长得漂亮当然是自然的馈赠,不过,它的价值却被当代文明社会过于夸大了。我们可以从儿童的生活风格中看到这种错误,他因为长相不如漂亮的表兄弟而深感痛苦,于是便对心理产生了不利影响。甚至 20 年后,人们仍能强烈地感到对漂亮的表兄弟(或表姐妹)的嫉妒和羡慕之情。

消除这种因他人外表美而给孩子成长带来的伤害的唯一方法,就是教育孩子认识到,健康和与人相处的能力要比外表美更重要。不用说,外表美有其价值;相对于丑陋的外表,我们更欲求美丽的外表。不过,我们在对生活进行理性的规划时,不能把一种价值和其余的价值隔离开来,也不能把这种价值提升为最高目标。对于外表美,自然也应作如是观。一个人的外表美,并不足以使他过上理性的和善的生活。实际上,在犯罪者中,除了一些相貌丑陋之人外,也有一些外表非常漂亮的孩子。我们可以理解为什么这些外表漂亮的孩子走上犯罪道路:他们知道自己漂亮,招人喜爱,便认为自己可以不劳而获。因此,他们对于生活准备并不充分。后来,他们发现,不经努力就不能解决自己的问题,于是,就选择了一条最不用努力的路径,即犯罪。就像诗人维吉尔所说,"通向地狱之路最为容易"……

这里还应该对孩子的读物说上几句。什么样的书才可以给孩子阅读？童话故事应该如何处理才能给孩子阅读？像《圣经》这样的图书如何让孩子阅读？这里主要的一点是，我们通常忽视这样一个事实，即孩子对事物的理解和成人完全不同。我们也会忽视，孩子是根据自己独特的兴趣来理解事物的。如果他是一个胆小的孩子，他就会在《圣经》和童话故事中寻找赞成他胆小的故事，从而使得他永远胆小。童话故事和《圣经》的段落需要加上评论和解释，使得孩子理解其原意，而不是让他主观臆测。

　　童话故事当然是孩子喜爱的读物，甚至成人也能从中受益。不过，有一点需要指出，即今天的儿童对产生于特定时间和地点的童话故事有一种遥远感。儿童一般很难理解其中的时代差异和文化差异。他们阅读的是在完全不同的时代创作的故事，并没有考虑到世界观的差异。故事里总有一个王子，这个王子也总受到赞扬和美化，他的整个性格总是以迷人的方式被展现出来。这类故事当然是子虚乌有。不过，这种理想化的虚构对于一个需要对王子进行崇拜的时代是恰当的，合时的。此类事情应该向儿童告知。要告诉他们在这些神奇故事的背后是人们的想象和幻想；否则，他们在成长过程中遇到困难时，总是想寻求不费力气的捷径。例如，有人问一个 12 岁的小男孩他想成为什么，他回答说，"我想成为万能的魔幻师"。

　　如果加上适当的评论，童话故事可以作为刺激儿童合作精神和扩展视野的一个工具。关于电影，可以说带一个 1 岁儿童去电影院看电影完全不会有什么问题。不过，稍大的孩子就会误解电影的内容。他们甚至会经常误解童话剧的含义。例如，一个 4 岁的孩子曾在电影院看过一出童话剧，多年以后，他仍然相信这个世界上存在卖有毒苹果的妇人。许多孩子不能正确理解电影的主题，或对电影作出仓促、草率的概括。父母应该向他们做解释，直到确信他们已经正确理解了电影的内容。

报纸也是孩子成长的一种外在影响因素。报纸是为成人而设，并不反映孩子的观点。因此，应避免孩子阅读报纸。不过，也有一些针对儿童的报纸，这自然是好事情。普通的报纸常常给予那些准备不足的孩子一种扭曲的生活画面，使这些孩子相信，我们整个生活是充满谋杀、犯罪和各种事故。各种不幸事故的报告尤其令孩子感到沮丧和压抑。我们可以从很多成年人的谈话中得知，他们童年时是多么恐惧火灾，这种恐惧又是多么持续地困扰着他们的心灵。

上面只是选择了教育者和父母在教育儿童时必须注意的几个方面，它们只是影响儿童成长的外在因素中的一小部分，却是最重要的部分，说明了这些因素影响儿童成长的一般原理。这里个体心理学还是要重提其最基本的概念："社会兴趣"，"勇气"。这两个基本概念对这里的问题，就像对其他的问题一样适用。

第十二章　青春期和性教育

关于青春期的图书可谓汗牛充栋。这个主题确实很重要，但这里所说的重要性绝不是人们通常意义上的重要性。我们每个人青春期的表现不尽相同。我们会在班级发现各种类型的孩子：有的积极进取，有的懒惰笨拙，有的整洁干净，有的邋遢肮脏，等等。我们也发现，有些成人，甚至老人的举止言行仍像青春期的孩子。从个体心理学的观点来看，这并不令人惊奇，它仅仅意味着这些成人在青春期阶段停止了成长。实际上，在个体心理学看来，青春期是所有个体必经的成长阶段。我们并不认为成长的任何阶段或遭遇的任何环境会改变一个人。它们只是起着准备性测试的功能，即它们只是作为一种把过去形成的性格特征显现出来的新环境。

例如，有些孩子童年时被看管太严，他们未曾体会到自己的力量，也不能表达自己的想法。一旦到了青春期这个快速的生理和心理发展期，这种孩子的言行举止似乎像摆脱锁链一般。他快速成长，人格稳步发展。相反，有些孩子却在青春期阶段停止了成长，并回顾和依恋过去，找不到当下成长的正确之道。他们对生活丧失了兴趣，变得性格内向。他们没有表现出童年时被压制、而在青春期寻求发泄的能量爆发的迹象,相反,却表现出他们在童年曾受到溺爱,并因此被剥夺了对生活的适当准备。

我们在青春期比以前任何阶段更能看出一个人的生活风格。这自然是因为青春期比童年离真正的成人更近。这时我们更容易看到他对生活的态度,看到他是否易于与人交友,是否具有社会兴趣。

一个太缺乏社会兴趣的人,其社会兴趣有时会以夸张的形式表现出来。这些处于青春期的孩子的社会兴趣丧失了一种分寸感,一心只想为了他人牺牲自己的利益。他们的社会兴趣过于强烈,从而会阻碍他们自己的成长。我们知道,一个人要真想对他人感兴趣,并为公共事业奋斗,他首先必须把自己的事情做好,他必须有东西可贡献给社会,如果这种贡献真的有内容、有价值的话。

另一方面,我们看到,许多在14至20岁之间的青少年丧失了社会兴趣。他们14岁离开学校,便失去了与老同学和老朋友的接触和联系,而建立新的人际联系又需要很长的时间。在这段时间,他们感到与社会完全的隔离。

接下来是职业问题。青春期会显示出一个人的职业态度。我们会发现,有些青少年开始变得独立自主,工作出色,显示他们走上了健康的发展之路。相反,有些人则在青春期停止了成长。他们不能为自己找到合适的职业,不断折腾——要么变换工作,要么变换学校,等等。否则,他们就会无所事事,根本不想工作。

这些问题并不是在青春期才产生的,它们只是在青春期时才清晰地浮出水面而已,它们是过去形成的。如果我们真正了解一个孩子,如果我们给予他更加独立地表达自我的机会,而不是像童年时那样处处被监视、监护和限制，我们就能预测他在青春期时的表现。

我们现在转向个体生活中的第三个问题：爱情和婚姻。一个青少年对这个问题的回答揭示了他人格中的什么情况呢？问题的答案仍然与它青春期之前的生活密切相关，只不过青春期强烈的心理活动使得这个答案更为清晰、准确。我们会发现，有些青少年完全清楚自己应该如何表现，对待爱情问题，他们或是浪漫，或是勇敢。而不管是浪漫还是勇敢，他们都显示了正确地对待异性的行为规范。

有些青少年则处于另一种极端。他们对待性的问题非常羞怯。越是接近真实的成人生活，他们越是表现出对这个问题缺乏准备。他们在青春期的人格表现使得我们能够对他们将来的生活做出可靠的判断。如果想改变他们的未来生活，我们自然也就知道应该采取什么措施。

如果一个青少年对异性表现出极为消极的态度，我们只要探寻他过往的生活，就会发现他也许曾是一个好斗的儿童。他可能曾经感到非常沮丧，因为父母更偏爱其他的孩子。结果，他认为自己应该勇往直前，傲慢自大，拒绝一切诉诸感情的事情。因此，他这种对于异性的态度是他童年经验的体现。

我们会经常发现，很多青春期的孩子渴望离开家庭。这是因为他们对家里的情况感到不满，这时便寻求机会断绝与家庭的联系。他们不再想被家庭供养，虽然这种供养对孩子和父母都很有好处。否则，万一孩子遇到难以克服的困难，他们会把这种失败归因于缺乏父母的帮助。

　　同样的离家倾向还表现在那些住在家里的孩子身上。不过，这些孩子的离开渴望要弱一点。他们会利用每一个可能的机会在外过夜。自然，晚间出去的诱惑力更大，因为晚间出去肯定比安静地待在家里更容易找到乐子。这也是对家庭无声的指控。他们在家里感到不自由，感觉总是受到监视和看管。因此，他们从没有机会表现自我，也没有机会发现自己的错误。青春期是孩子开始表现自我的危险时期。

　　在青春期，许多孩子会比以前更加强烈地感到自己突然丧失了他人的欣赏。也许他们在学校一直是个好学生，受到老师的高度赏识；接着他们突然进入一所新学校，或转到一个新的社会环境，或转换一份新职业。我们知道，很多优秀的学生在青春期并未继续保持优秀。他们似乎是经历了一场变化，而实际上，这里没有变化和中断，只是过去的环境没有像新环境那样显示出他们真实的性格罢了。

　　由此可知，阻止青春期的孩子出现这些问题的最好方法之一就是培养友谊。孩子之间应该成为好朋友或好伙伴。孩子也应该与家庭成员和家庭之外的人成为朋友。家庭成员之间应该相互信任。孩子也应该信任父母和教师。实际上，在青春期，只有那些一直是孩子的朋友和同情他们的父母和教师，才能继续引导他们。除此之外的父母或教师若是想指导他们，会立即被青春期的孩子拒之门外。孩子不会信任他们，把他们视为外人，甚至敌人。

　　我们会发现，到了青春期，有些女孩子会表现出厌恶自己的女性角色，她们喜欢模仿男孩子。这是因为模仿青春期男孩子的坏毛病如抽烟、喝酒和拉帮结派，比模仿工作努力者要容易得多。这

些女孩会借口说，如果她们不模仿这些行为，男孩子就不会对她们
感兴趣。

如果对青春期女孩子的这种男性抗议加以分析，我们就会发
现这些女孩即使在早年也从未喜欢过自己的女性角色。这种厌恶
一直被掩盖着，直到青春期才明显地表现出来。因此，对青春期女
孩子的这种行为加以观察是非常重要的，因为我们以此可以发现
她们如何对待自己将来的性别角色。

青春期的男孩子经常喜欢扮演一种聪明、勇敢和自信的男人
角色。不过，也有些男孩子则不敢面对他们的问题，不相信自己可
以成为真正的、完善的男人。如果他们过去曾在男性角色教育上
存在缺陷和不足，那么，这种缺陷会在青春期暴露出来。他们会表
现出脂粉气十足，举止像个女孩，甚至模仿女孩子的坏习惯，如卖
弄风情，忸怩作态，等等。

和这种男孩子极端的女性化类似，我们也可以发现，有些男孩
子却极端的男性化，把男性的人格特征发展为极端的恶习。他们
酗酒，纵欲，甚至仅仅为了表现和炫耀他们的男子气而不惜犯罪。
这些极端化的恶习常常表现在那些想获得优越感、想成为领袖和
想令人侧目的男孩子身上。

尽管这种类型的男孩子气势汹汹，野心勃勃，但他们的内心
通常都比较怯懦。近来美国就有一些臭名昭著的例子，如希克
曼、勒奥波德和罗伯。研究一下这种人的履历，我们就会发现，
他们总是寻求一种不费气力的生活，总是寻求一种无需努力的
成功。这种人虽然积极主动却没有勇气，这恰恰是有罪犯特征
的孩子。

　　我们还经常发现，有些青春期的孩子还会第一次殴打父母。那些不愿探讨这种行为之后的人格统一性的人会认为，孩子突然变了。不过，如果我们对这之前发生的事情做一番研究，就会发现他们的性格一直如此，并没有变化，只是他们现在拥有了更多力量和更多的可能性来实施这样的行为。

　　另一个值得注意的是，每个青春期的孩子都面临这样一个考验，即他感到必须去证明自己不再是一个孩子。这当然是一个非常危险的感觉，因为每当我们感到我们必须证明什么的时候，我们就可能走得太远，做得太过。青春期的孩子自然也是这种情形。

　　这确实是青春期孩子最有意思的毛病。解决的办法就是向他们解释并指出，他们不必向我们证明自己不再是个孩子了，我们不需要这种证明。由此，我们也许可以避免他们的过度行为。

　　我们经常会发现这样一种类型的女孩：她们会夸大对男性的喜爱，甚至成为"男痴"。这种女孩总是和母亲争吵，总是认为自己受到了压制（也许真的受到了压制）；为了惹母亲生气，她们会和任何自己遇到的男人搭上关系。她们想到自己母亲一旦发现她们的所为而震怒痛苦的样子，就感到非常开心。许多因为和母亲吵架或父亲过于严厉而离家出走的女孩子，还会和男人发生初次性行为。

　　具有讽刺意味的是，那些对自己女儿过于监管的父母，本希望她们成为好女孩，没想到她们却成了坏女孩。这是因为父母缺乏心理学洞见。错误不在于这些女孩，而在于她们的父母，因为他们没有使自己的女儿为她们必然要遭遇的情境做好准备。他们过去总是想把她们保护起来，却没有训练她们具有避免青春期陷阱所必需的判断力和独立性。

这些问题有时没有出现在青春期,而是出现在青春期之后,例如,出现在后来的婚姻中。其中的原理是一样的。这只是因为这些女孩比较幸运,在青春期时没有遇到此类的不利情境罢了。不过,这种不利情境迟早会发生的,关键是要对它有所准备。

这里举一例来具体说明青春期女孩子的问题。这个 15 岁的女孩来自一个非常贫穷的家庭。不幸的是,她有个总是患病的哥哥需要母亲照顾。这样,她在很早的时候就感受到父母对她和哥哥之间关注的差异。她出生的时候,她爸爸也病了。于是,她母亲不得不照顾父亲和哥哥,这对缺乏父母关注的女孩来说,无疑是雪上加霜。她看到哥哥和爸爸受到关注和照顾,内心也强烈地渴求这种关心和关爱。不过,她在家庭里得不到这种关爱。特别是她妹妹不久又出生了,于是,她仅有的一点关注也被剥夺了。就像是命运的安排,她妹妹出生时,她爸爸便病愈了,这样妹妹便获得了比她作为婴儿时更多的关爱。这些事情一般是逃不过孩子的眼睛的。

这个女孩为了弥补父母关注的缺乏,便在学校努力学习。她成了班里最好的学生,受到老师的关注。由于她成绩好,老师建议她继续学习,去读中学。不过,在中学的时候,情况发生了变化。她的成绩并不好,因为新老师并不认识她,自然也不会关爱她。而她却极为渴求这种关爱,但现在不仅在家里得不到,而且在学校也得不到这种关爱了。她不得不到其他地方寻找这种关爱。于是,她便出去找个关爱她的男人。她与这个男人同居了两周,这个男人很快就厌倦了她。后来的情况便可想而知。她会认识到,这不是她想要的关爱。同时，她的父母很是担心她，并四处寻找她。她父母突然收到她的一封信，信中说"我服毒了。不要担心我——我很幸福。"显然，在她追求幸福和关爱失败之后，下一步想法就是自杀。不过，她没有自杀，她只不过用自杀来吓唬她的父母，并以此获得他们的原谅。她继续在街上游荡，直到父母找到她，并把她带回家。

如果这个女孩像我们一样能认识到，她的整个生活是被一种追求关爱所主导，那么，所有这些都不会发生。而且如果中学教师能认识到这个女孩成绩好，认识到她所需要的就是一点关爱，那么，悲剧也就可能不会发生。如果在事情发生的任一环节中采取适当措施，都会挽救她的毁灭。

接下来，我们再来探讨性教育的问题。性教育问题近来被可怕地夸大了。许多人对于性教育问题简直到了丧失理智的地步。他们主张在每个年龄阶段都要进行性教育，并夸大因对性的无知而带来的危险。不过，如果我们观察一下我们自己和他人过去在性教育上的经历，我们既看不到有这些人所谓的问题，也看不到有这些人所谓的危险。

个体心理学的经验教导我们，孩子2岁的时候，应该告诉他们自己是男孩，还是女孩，还应该同他们解释，他们的性别是个可以改变的，男孩长大成为男人，女孩长大成为女人。孩子知道了这些，即使他们缺乏其他的性知识，也不会带来什么危险。只要让孩子认识到，女孩的教育不能以教育男孩的方式进行，反之亦然。这样性别角色就会固定在他的意识中，他也肯定会以正常的方式发展和准备自己的性别角色。相反，如果他认为通过某种戏法就可以改变他的性别，那么就会产生问题。而且如果父母老是表达希望改变孩子的性别，也会给孩子带来麻烦。《孤单的井》就有对这个问题的精彩描述。父母经常也乐于把女孩当男孩来教育，或把男孩当女孩来教育。他们把自己的孩子男扮女装，或女扮男装，为他们拍照。有时女孩长得像男孩，周围人便以男孩称呼她。这会给她带来很大的困惑，不过，这完全可以避免。

我们还应该避免贬低女性和主张男性优越的论调。应该教育孩子认识到男女是平等的。这很重要，它不仅可以阻止女孩产生自卑情结，也可以阻止对男孩产生不利影响。如果男孩被教育认为男性优越，他们就会把女孩当作仅是泄欲的对象。如果我们能教育他们认识到自己的未来责任，他们就不会用丑陋的眼光看待两性关系。

换句话说，性教育的真正问题不仅仅是向孩子解释性的生理知识，还要涉及正确的爱情观和婚姻观的培养问题。这个问题和孩子的社会兴趣是密切相关的。如果他缺乏社会兴趣，他就会对性玩世不恭，并完全从自我欲望的满足来看待与性有关的事物。这种情况常常发生，也反映了我们文化的缺陷。女性是受害者，因为我们的文化更有利于男性发挥主导作用。不过，男性实际也深受其害，因为这种虚幻的优越感，他们便丧失了对最基本的价值的关注。

关于性教育的生理知识方面，孩子没有必要太早接受这方面的教育。我们可以等到孩子对此开始好奇，开始想知道这方面情况的时候，才告诉他们。如果孩子太过羞怯而不愿意问这方面的问题，那么，对关注孩子需求的父母总会知道什么时候该主动告诉他们这方面的知识。如果孩子感到父母就像朋友，他们就会问这方面的问题，不过，我们必须用一种孩子可以理解的方式告诉他们答案，同时，还需注意避免给予他们可能会刺激和激发其性冲动的回答。

与此相关的是，如果孩子明显表现出性早熟，也不必太多惊慌。性发育很早就开始了，实际上，在出生后的数周就已经开始了。婴儿肯定也能体会到性快乐，有时他们会故意刺激性的敏感区域。看到这种情况，我们不必恐慌。不过，我们要尽力加以阻止，同时也不要把这个问题搞得太过严重。如果孩子发现我们对此类事情太过担心和忧虑，他们就会故意继续这样做，以引起我们的关注。孩子的这种行为常常会使我们认为他们已经沦为性欲的牺牲品，而实际上，他们只不过把这个习惯当作炫耀的工具。小孩通常会玩弄自己的性器官，因为他们知道父母害怕他们这么做。这和小孩装病的心理是一样的，因为他们注意到，一旦他们生病，他们会得到更多的宠爱和关爱。

为避免刺激孩子的身体，父母不应该太过频繁地亲吻和拥抱他们。这对孩子很不好，尤其是处于青春期的孩子。我们也不要从精神上刺激孩子的性意识。孩子通常会在爸爸的书房里看到一些轻浮、挑逗的图片。我们在心理咨询诊所也不断遇到这种案例。孩子不应该接触那些讨论超越其年龄理解水平的关于性的图书。我们也不应该带孩子去看关于性主题的电影。

如果我们能使孩子避免所有这些形式的过早的性刺激，那么我们就没有什么可担心的。我们只需在恰当的时候给予孩子简单的解释，不要刺激孩子的身体和性意识，给予他们真实、简洁的回答。重要的是，不要欺骗孩子，如果我们还想拥有孩子的信任的话。如果孩子信任自己的父母，他就会信任父母对于性的解释，就会对来自同伴的关于性的解释大打折扣——我们90％的关于性的知识都来自同辈人。家庭成员之间的相互合作、相互信任和朋友般的关系，比那些在回答有关性问题时所使用的、自以为得计的各种回避、托词要远为重要。

如果孩子性经历太多，或性经历太早，他们后来通常都会对性失去兴趣。这就是为什么要避免让孩子看到父母做爱。如果可能，最好不应该让孩子和父母同睡一屋，当然，也不应该同睡一床。兄弟和姐妹也不应该睡在一屋。父母应该留意孩子是否行为得当，也应该留意外界环境对孩子的影响。

这些话对性教育进行了最重要的总结。我们这里看到，就像孩子其他方面的教育一样，性教育最为重要的原则就是家庭内部的合作和友爱精神。有了这种合作精神，有了早期关于性别角色的知识，有了男女平等的观念，孩子会很好地应付将来可能遇到的任何危险。重要的是，他们已准备好以健康的态度去迎接未来人生的工作。

第十三章　教育的失误

　　家长或教师在孩子的教育上容不得半点灰心丧气。他们不能因为自己的努力没有得到即刻的回报而滋生绝望情绪；不能因为孩子没精打采、冷淡默然和极端的消极被动而滋生失败之想；同时也不能受到孩子有天赋和没有天赋之类的迷信说法的影响。个体心理学认为，为了激发孩子的精神能力，要努力给予他们更多的勇气和更多的自信，要教导他们，困难不是不可逾越的障碍，而是我们遇到并要加以征服的问题。一分耕耘，未必总有一分收获。不过，诸多成功的案例还是足以补偿那些没有取得预期结果的努力。下面就是一个努力获得了回报的有趣案例。

　　这是一个读 6 年级的 12 岁男孩。他虽然成绩不好，但却满不在乎。他以往的经历尤为不幸。他因为得了佝偻病，直到 3 岁才学会走路。3 岁末的时候，只会说少量单词。4 岁时，他妈妈带他去看心理医生，医生告诉她这孩子没有希望矫正。不过，妈妈并不相信这点，并把孩子送到一家儿童指导学校。这孩子在学校进步缓慢，学校对他帮助不大。孩子 6 岁的时候，大家觉得他可以上学了。上学的头两年，由于在家里获得了额外的辅导，他才勉强通过考试。后来,他又尽力读完了 3 年级和 4 年级。

这个男孩在学校和家里的情形是这样的:他在学校以极端的懒惰而引人注目;他抱怨自己不能集中精力,听课分心。他与同学相处不好,被他们取笑,他也总是表现得比他们虚弱。他在学校只有一个朋友。这个男孩很喜欢这个朋友,并经常和他一起散步。他认为其他孩子不够友好,难以与他们相处。他的老师也抱怨,他的数学不好,也不会写作。不过,老师还是相信,男孩会像其他孩子一样能够搞好学习。

从这个男孩的过去经历和他所能做的一切来看,对他的治疗很明显是建立在一个错误诊断的基础上。这男孩是为一种强烈的自卑感即自卑情结所折磨。他有个优秀的哥哥。父母认为,哥哥不用特别努力就能升入中学。通常,父母们都喜欢说自己的孩子不用努力就能搞好学习,他们的孩子也喜欢这样自我吹嘘。这个男孩的哥哥也许注意训练自己上课时集中精力,认真听讲,记住在学校所学的一切,这样他就不用在家里额外学习,从而给人一种无须努力就能搞好学习的印象。而那些在学校不够专心的孩子则不得不在家里温习学业。

这个男孩和哥哥之间的差异多大呀!男孩不得不生活在一种压抑的感觉之下:他感到能力不如哥哥,感到自己远没有哥哥有价值。他也许经常听她妈妈这么说,特别是当她对他生气的时候。他哥哥也会这么说,并称他是傻瓜或白痴。如果男孩不服从哥哥,哥哥就会对他拳打脚踢。我们可以看到,他过去经历的结果就是:他是一个相信自己不如别人有价值的人。实际生活也似乎肯定了他的看法。他的同学嘲笑他;他的学业错误百出;他说自己不能集中精神。每个问题都令他恐惧不已。他的老师也不时地说，这个孩子在班级和学校找不到归属感。毫不奇怪的是，男孩最终相信，他不可能避免目前所陷入的境遇，他也相信，其他人加之于自己的看法也是正确的。一个孩子如此丧失自信，对未来感到绝望，已属可怜而可悲了。

当我们以一种轻松愉快的方式和他谈话的时候，我们很容易看出他对自己已经丧失了信心，这不是因为他颤抖的身体和苍白的脸色，而是因为一个人们总可以观察到的小细节：当我们问他多大时（实际上我们知道他 12 岁），他回答说 11 岁。我们不要把这个错误回答视为偶然。我们曾经指出，此类的错误有其内在的原因。如果考虑到孩子过去的生活经历，并联系他对年龄的回答，我们会得到这个印象，即他在试图回忆他的往昔。他想回到过去，回到那个他更小、更弱也更需要帮助的过去。

我们可以根据已经掌握的事实来重建他的人格系统。这个男孩并不想从完成他这个年龄力所能及的任务来寻求肯定和认可；他相信并表现出自己没有别的孩子发展全面，也竞争不过别人。他这种一切不如人的感觉就体现在他把自己的年龄说小了。他可能回答是 11 岁，但也有些情况下，他的行为却像一个 5 岁的孩子。他坚信自己不如别人，并尽力使自己的所有活动来应验自己的想法。

这男孩在大白天尿床，也不能控制自己的大便。当一个孩子认为自己还是个婴儿或把自己想象为一个婴儿的时候，才会出现这些症状。这也证实了我们的想法，即这个男孩依恋过去，如果可能，也愿意回到过去。

在小男孩出生之前，这个家庭有个保姆。保姆与男孩关系亲密，一有可能，就代替妈妈的位置来照顾她。我们可以就此得出进一步结论。我们知道男孩过去怎么生活，知道他不愿早起，家人曾带着厌恶的表情描述他早起要花很久时间。因此，我们的结论是，孩子不愿意上学。一个和同学相处不好、感到压抑和认为自己一事无成的孩子，不大可能喜欢上学。结果，他不想早起，不想准时到学校。

不过，他的保姆却说他的确想上学。事实上，只有他生病的时候，才请求上学。这至少和我们上面所言并不矛盾。不过，应该如何理解"保姆说他的确想上学"这个问题呢？其实，答案很明显，当然也很有意思：当孩子生病的时候，他可以允许自己说他想上学，因为他期望他的保姆这样回答，即，"你不能上学，因为你生病了。"他的家人自然不理解这种表面上的矛盾，因而也不知道该如何去做。他的保姆自然也不理解这男孩的真实想法，因而以为他真的想上学。

促使家长把小孩送到我们诊所来接受治疗，则是因为不久前才发生的事情。这男孩居然拿保姆的钱去买糖果吃。这也表明他的行为像个很小的孩子。拿钱去买糖是极其孩子气的行为。只有非常年幼的孩子才有这种行为，因为他们不能控制自己对糖果的欲求。他们也不能控制自己的身体机能。这种行为的心理学含义就是："你必须照看我，否则我会做淘气的事情。"这男孩不断地做出此类行为，以使他人关注自己，因为他对自己没有信心。如果我们把他在家里和在学校的情况作一下比较，两者之间的联系是显而易见的。在家里，他可以使人关注他，但在学校，他却不能如愿。

不过,谁又能矫正孩子的行为呢?

　　在这男孩被送到我们诊所之前,他被认为是个落后、卑弱的孩子。不过,他至少不应该被归入此类。他是个完全正常的孩子,一旦他恢复自信,他能够做到他同班同学所能做的一切。他总是倾向悲观消极地看待每件事,在没有做出一丁点的努力之前,就已经承认失败。他每一个举止都体现了他缺乏自信,教师的评语也证实了这点:"精神不集中;记忆力差;注意力分散;没有朋友;等等。"他的不自信和消沉是如此的一目了然,以至于谁都可以看见;他的处境又是如此的不利,以至于很难改变他对自我的看法。

　　在他填完个体心理学问卷之后,我们和他又进行了咨询谈话。我们不仅和这男孩谈,而且还和与他有关的人谈。在这有关的人当中,首先就是他的母亲,这个母亲早已对他不抱希望,只想使他勉强完成学业,以后随便找个工作了事;其次是总是蔑视他的哥哥。

　　"你长大想干什么?",对于这个问题,男孩自然不会有什么回答。这一点很能说明问题。一个半拉子成人却不知道自己将来干什么,这总有点问题。确实,有很多人并没有从事孩时所选择的职业,不过,这并不要紧。至少,这些人曾受这种职业理想的牵引。他们在孩子时想从事司机、警卫和乐队指挥等他们亲见的并自认为是有吸引力的职业。不过,如果一个孩子没有实际的目标,那就可以认为他把目光从未来移开,转向过去;或换句话说,回避未来,回避任何与未来相关的问题。

　　这似乎和个体心理学的一个基本原则相矛盾。我们不是历来宣称儿童总有一种追求优越感的心理吗? 我们不是试图表明每个孩子都想发展自己、想变得更强大、想成就一番事业吗？而我们眼前这个孩子却希望后退，希望自己变得幼小，希望别人供养和帮助他。我们又该如何解释这个现象呢？精神生活的进展并不是简单的，它有着复杂的背景。如果我们对复杂的案例做出简单和天真的结论，我们就总会犯错误。所有的复杂事物都存在令人迷惑的假象，事物也会辩证地走向其相反方向。具体到这里的男孩，他没有去向前发展追求优越感，却想回到过去，似乎只有这样才最强大，才最安全。除非对这个孩子的整个情形有所理解，否则这种现象很是令人费解。实际上，这种类型的孩子的做法，也有其合理之处，虽然这种合理有点可笑。这些孩子从来没有像他们在幼年、弱小、无助和没有任何责任的时候那样强大或有支配力。既然这个男孩没有自信，担心自己什么事都做不成功，那么，我们还能期望他愿意面对未来而有所作为吗？他肯定会避免任何检验和测试其作为个体的能力和长处的情境。因此，除了在人们对他没什么期望、没有什么要求的、极为有限的范围内活动外，他的活动范围所剩无几。可见，他只能在很小的范围内追求被别人认可，这就像他年幼、无助、依赖他人时获得的认可一样。

我们不仅要和男孩的老师、妈妈和哥哥进行咨询谈话，还要和他的父亲以及他的教师进行协商和沟通。这样的咨询商谈需要大量的工作，不过，如果我们能赢得教师的支持，就会节省大量劳力。这虽不是不可能，但也并不简单。许多教师固守老方法和观念，并把心理分析视为有点另类的东西。其中也有的教师担心心理分析会使他们丧失部分权力，或认为心理分析是一种未经许可的干预。当然实际并不是这回事。心理学是一门科学，它不是即刻就能学会的,而是需要长期的研究和实践。不过,如果人们从一种错误的观点来看心理学,那么,心理学对他们也不会有什么价值。

对此,宽容是一种必需的品质,特别是对于教师而言,对新的心理学观点怀着开放的心态是很明智的,即使这些观点和我们至今所持的看法相矛盾。从今天的情况来看,我们也没有权力断然否定教师的观点。那么,在这种情况下,如何处置这个男孩呢?按照我们的经验,只有把这个孩子从他的困境中解脱出来,也就是说,让这个小孩转学。这样的处理方式没有伤害任何人。没有人知道发生了什么,但孩子却摆脱了一个沉重的负担。他进入新的学校学习,没有人认识他,他不必担心别人对他作不好的评价,也不用担心别人的鄙视。具体如何去做,并不容易解释。家庭环境与此关系很大。案例不同,处理的方式也不相同。不过,如果有相当数量的教师熟悉个体心理学,对这种孩子的处理就会更加容易一些,因为他们会用理解的目光来看待这种案例,并能给予相应的帮助。

第十四章　对父母的教育

前面已经多次指出，这本书是为家长和教师而作。他们会从书中对儿童心理生活的新的洞见中获益。在上章分析中，我们并没有太多关注孩子的教育和成长是在父母帮助下还是在教师支持下进行的，只要孩子能获得正确的教育。这里的教育当然是指学校课程之外的教育，即不是指学科教学，而是指最为重要的人格发展。当今，虽然父母和教师都对教育工作有所贡献，父母纠正学校教育的不足，教师则矫治家庭教育的缺陷，但在现代社会和经济条件下，大城市孩子的教育责任主要是由教师承担。父母对新的观念没有教师敏感，因为教师的职业兴趣就是孩子的教育。个体心理学把孩子为明天作好准备的希望主要寄托在学校和教师的改变上，尽管家长的合作也是必不可少的。

教师在自己的教育工作中必然会与家长发生冲突。这是因为教师纠正性的教育工作就是以家长教育的某种失败为前提的。在这种意义上，教师的教育就是对家长的指控，而且家长大多也这样认为。教师在这种情况下该如何处理与家长的关系呢？

下面就来探讨这个问题。这种探讨当然是从教师的角度出发来进行的,因为教师需要把与家长打交道视为一种心理问题。如果家长看到这种探讨,请不要生气,这里没有冒犯的意思,这种探讨只适用那些不够明智的家长,这种家长已经形成了一种教师不得不面对的大众现象。

许多教师认为,和问题儿童的父母打交道要比与问题儿童本人打交道更加困难。这种事实表明,教师需要运用一定的策略来和这些家长打交道。教师必须有这样一个概念,即家长并不需要为其孩子所表现出来的所有毛病负责。毕竟,他们不是富有技巧的专业教育者,通常也只有按照传统来指导和管理孩子。当他们因为自己孩子的问题而被召唤到学校时,他们常感到像是被指控的罪犯。这种情绪也反映他们心里的内疚,因而需要教师富有策略地对待它。教师应该尽力把家长的这种情绪转变为友好、坦率,使自己成为他们的一个帮助者,使他们理解自己的善意。

我们绝不应该责备家长,即使这样做有充足理由。如果我们能和父母达成一种协议,改变他们的态度,使他们能按照我们的方法来行事,那么我们会获得更多的教育成就。直接指出他们过去行为中的错误,这于事无补。我们所要做的就是尽力使他们采取新的方法。居高临下地告诉他这儿做错了,那儿也做错了,只会冒犯他们,使他们不愿意和我们合作。通常,孩子变坏并非一朝一夕形成的,而是有一个历史过程。家长通常也会认为他们对孩子的教育中忽视了什么,但千万不要让他们感到我们也这样认为;我们绝不应该绝对而教条地和他们谈话。即使是向他们提建议,也不应该用权威的口吻,而是尝试用“可能”、“也许”或“你也许可以这样尝试一下”,等等。即使我们知道他们的错误在哪儿、如何纠正,我们也不要贸然提出，让他们觉得我们似乎是在强迫他们。这并不是说每个教师都懂这些策略，也不是说它们一下子就可以掌握的。有趣的是，富兰克林曾在自己的自传中表达了同样的思想。他写道：

　　一个公谊会教派的朋友曾好心地告诉我，我被普遍认为是为人骄傲，这种骄傲经常表现在谈话之中，表现在讨论问题的时候不仅满足于自己正确，而且还有点咄咄逼人和飞扬跋扈。他还举出数例来证明我的骄傲。于是，我决定尽力改正这种毛病或愚蠢品性，当然我的毛病并不止这一个。于是，我便在自己的道德清单上加上了谦卑一条，我指的是广义上的谦卑。

　　我不敢吹嘘自己真的已经具有了谦卑的美德，但我已经有了谦卑的样子。我给自己定下规矩，绝不直接对抗别人的观点，也绝不直接肯定自己的看法。我们甚至逼迫自己认可我们圈子的古老信条，在表达一个确定的观点时避免使用"肯定"、"当然"、"我认可"或"毫无疑问"等字眼，而是要使用"我认为"、"我的理解是"、"我想事情可能是这样"或"目前在我看来"。当有人提出一个我们认为是错误的观点时，我不是直接与他对抗，避免当场指出他观点中的荒谬之处，而是回答说，"他的观点在有些情况下有其合理之处，不过，在我看来，目前的情况似乎有点不同，"等等。我很快就发现我这种变化的益处。我和他人的对话更加愉快了。我以这种谦卑方式提出的观点，也更容易让别人接受，反对的意见也少了；即使自己错了，也不会太过羞愧；如果自己碰巧正确，我也更容易说服别人放弃自己的错误观点,而站到我这一边。

　　我刚开始采取这种谦卑的为人方式时,不得不压抑自己的自然倾向。不过,习惯成自然。或许这也是为什么50年来无人听到我说一句教条式的话语的原因。我早年提议建立新制度或改造旧制度时曾对民众产生重大影响;后来我成为议员时,也曾对议会产生很大影响,均受益于这种谦卑习惯(当然我更得益于我的正直)。实际上,我是一个拙劣演说者,更不擅长雄辩,我在遣词造句时,也颇感犹豫,表达也不是很准确,不过,我的观点一般还是得到了认同。

　　实际上,骄傲是人的自然情感中最难制服的。尽管我们掩盖它,和它搏斗,打倒它,阻止它,克制它,它却总是不肯灭亡,并随时会抬头露面,发荣滋长;我们会在历史中经常看到它。甚至即使我们认为自己完全克服了骄傲,我们也有可能因为自己现在的谦卑而骄傲。

　　当然,这些话并不适合所有的生活情境。我们既不能作此期望,也不能作此要求。不过,富兰克林的话还是向我们表明,这种咄咄逼人、力图致人于死地的做法是多么的不合时宜,是多么的无效。生活中没有适合所有情境的基本规律。每个规则一旦超出自身的限度,就会突然无效。确实,生活中有些情境是需要措辞激烈的。不过,如果我们考虑到教师和已经体会到羞辱并将因为自己的问题孩子而进一步感受羞辱的忧心忡忡的家长之间的情况,如果我们考虑到没有家长的合作我们将什么也办不到,那么,显然为了帮助这个孩子,我们必然要采取富兰克林的方法。

　　在这种情况下,去证明谁正确或显示自己的优越,就并不重要了,重要的是找出一个帮助孩子的有效方法,当然,这会遇到很多困难。许多父母听不进任何建议。他们会感到吃惊、愤怒、不耐烦,甚至会表现出敌意,因为教师把他们和他们的孩子置于这样一种令人不快的境地。这种家长有时会无视自己孩子的毛病,闭眼现实。但他们现在却要被迫睁开自己的眼睛。自然,整个情形并不令人愉快,因此,可以想象,当教师仓促或太过急切地和家长谈论孩子的问题时,他们自然没有可能赢得家长的支持。许多家长走的更远。他们对教师大发脾气,显示出一副不容接近的样子。这时,最好向家长表明,教师的教育成功取决于他们的协助;最好使他们情绪安静,能够友好地与教师谈话。我们不要忘记,家长太受传统的、陈旧的教育方法所局限,自然很难一下子解脱出来。

　　例如,如果一个家长已经习惯了用严厉的言词和表情来摧毁孩子的自信,那么,他自然很难在 10 年之后突然改换成一种友好、仁爱的态度和方式。值得注意的是,即使这位父亲突然改换了一种态度,他的孩子开始也并不认为这种变化是真实的和真诚的。他会认为这是一种权宜之计,他要很长时间才会相信父亲的这种态度转变。这种情况对高级知识分子也不例外。有一位中学校长曾不断地指责和批评自己的儿子,几乎使他濒于崩溃。这位校长在和我们的谈话中也意识到这点;他回家以后,对自己的孩子发布了一通刻薄的教育演说。不过,由于孩子太懒散,他又丧失了耐心,发起火来。一旦孩子做出父亲不喜欢的举动,父亲就会对他发火,并尖刻地加以批评。如果对一个自认为是教育者的校长都尚且可能发生这样的事情,那么,对于那些从小就浸染在应该用皮鞭去惩罚孩子所犯的每个错误的教条中的普通家长，不难想象其改变之难了。和孩子家长谈话时，教师应该运用一切圆滑和富有技巧的手段和辞令。

我们不要忘记，伴随皮鞭的儿童教育在底层社会是非常普遍的。因此，来自这些阶层的孩子在学校接受矫治谈话之后，还有家长的皮鞭在家里等他。一想到我们的教育努力经常因家长的皮鞭而付之东流时，我们就会感到悲哀。在这种情况下，孩子经常要为自己的同一个错误受到两次惩罚，而我们认为，一次就足够了。

我们知道，这种双重惩罚会带来可怕的后果。假如一个孩子必须把自己不佳的成绩单带回给父母，他就会担心被鞭打，害怕把成绩单给父母看，同时也担心学校的惩罚，于是，便逃学或伪造父母签字。我们可不要轻视或小看这些事情。我们要联系他的环境来考虑孩子的问题。我们要自问：如果我们一意孤行，会发生什么事情？会对孩子的行为造成什么影响？我们能确信我们的所为会对孩子产生积极有益的影响吗？孩子能承受加之于其上的负担吗？他能够富有建设性地学习到什么吗？

我们知道，孩子和成人对困难的反应差异巨大。对孩子进行再教育，我们要认真、谨慎，在我们重塑他们的生活模式之前，我们要理性地探讨其可能的结果。只有那些对孩子的教育和再教育进行过深思熟虑和客观判断的人，才能更为明确地把握自己教育努力的效果。实践和勇气是教育工作的基本要素，就像另一不可动摇的信念也是其基本要素一样，即不管出现什么情况，总能找到挽救儿童的办法。首先，我们要遵循一个古老而很有见地的法则，即越早越好。那些习惯把人视为一个整体，并把它的毛病视为其整体的一个部分的人，将比那些习惯根据机械的、僵死的模式来对待孩子的毛病的人更能理解和认识孩子，例如，后者在孩子没有做家庭作业的时候，总是会立即给家长写信予以告知。

我们正在进入一个对儿童的教育不断有新观念、新方法和新理解的时代。科学正在破除陈旧的教育习俗和传统。这些新知识把教师的责任置于一个更重要的地位，同时也使他们更加理解儿童的问题，赋予他们更多的能力去帮助孩子。重要的是要记住，单个的行为如果脱离了整体的人格就没有意义，我们只有联系整个人格，才能对它加以研究。

附录1 个体心理问卷

（供理解和矫治问题儿童之用，
由国际个体心理学家学会拟定。）

1. 导致问题发生的原因何时出现？当问题初次被发现的时候，他处于什么样的情境（心理的或其他的）？

诸如此类的重要情境有：环境改变，开始上学，家庭有新生孩子如弟弟或妹妹，学校中的失败和挫折，生病，父母离婚，父母再婚，父母死亡。

2. 在问题暴露之前，是否存在一些特殊的心理或生理缺陷？例如在吃饭、穿衣、洗澡或睡觉时胆怯、粗心、拘禁、笨拙、嫉妒、羡慕和依赖他人等。孩子是否惧怕独处或是否恐惧黑暗？是否理解自己的性别角色？是合理解第一性征、第二性征或第三性征？如何看待异性？对自己的性别角色理解多深？是继子吗？是否在合理的时间内学会说话或走路？学说话和行走有没有困难？在学习阅读、绘画、唱歌或游泳是否有明显的困难？是否特别依恋父亲、母亲、祖父母还是保姆？

有必要确定他是否对环境富有敌意并寻求他自卑感的根源；

有必要确定他是否倾向避开困难,是否表现出自我中心和过分敏感的性格特征。

3. 孩子制造很多麻烦吗?他最惧怕什么?最惧怕谁?夜间哭喊吗?是否尿床?是否有支配弱小者或强壮者的倾向?是否有和父母同睡一张床的强烈意愿?是否举止笨拙?患过佝偻病没有?他的智力怎么样?是否常遭人逗乐和嘲笑?在发型、衣饰和穿鞋等方面是否爱慕虚荣?是否喜欢咬指甲或挖鼻孔?吃东西是否一副贪婪相?

了解他是否自信地追求优越感,了解他的固执是否阻碍了他行动的动力,这将对我们很有启发作用。

4. 孩子是否很容易交上朋友?对人和动物是否耐心、宽容,或是否骚扰和折磨他(它)们?是否喜欢收藏或贮存?是否吝啬和贪婪?是否乐于领导和指挥他人?是否倾向于自我孤立?

这些问题是与儿童和人交往、接触能力有关,也与儿童的信心程度有关。

5. 鉴于以上所有问题的回答,儿童目前的状况怎样?他在学校如何行动?他喜欢学校吗?他是否准时?上学前是否情绪激动?上学是否匆匆忙忙?丢失书本、书包和练习本吗?做作业或考试前,他是否紧张激动?是否忘记做作业,或是否拒绝做作业?是否浪费时间?是否懒惰?是否精神不集中?是否扰乱课堂?他如何看待老师?他对老师是批评、傲慢还是冷漠?他是主动请求他人帮助他学习,还是被动等待人家帮忙?他在体操和其余方面是否有雄心?他认为自己天赋相对较低,还是完全没有天赋?他阅读广泛吗?他喜欢哪种文学形式?

这些问题帮助我们理解孩子对学校生活的准备性,帮助我们理解他们经历"学校新情境测试"的结果及其对困难的态度。

6. 关于他家庭环境的正确信息,包括家庭成员的疾病状况,是否酗酒,是否有犯罪倾向,是否体弱,是否患有神经疾病、梅毒和癫痫病及生活的标准,等等。家庭是否有人死亡,死亡发生的时候孩子多大? 家庭的主导精神气氛? 家庭教育是否严格苛刻? 对他是抱怨不止、挑剔找茬还是纵容溺爱? 是否存在让孩子恐惧生活的家庭影响? 对孩子的监视管理情况如何?

从孩子在家庭的处境及其对家庭的态度来考察,我们就可以判断孩子所受到的影响。

7. 孩子的出生次序情况:他是家庭的长子、幺子、独生子、唯一的男孩还是唯一的女孩? 相互间是否有竞争,是否常常哭闹,是否有恶意嘲笑,是否有贬低他人的强烈倾向?

这些问题对于我们研究孩子的性格、了解孩子对他人的态度非常重要。

8. 孩子是否形成了选择职业的观念? 他如何看待婚姻? 家庭其他成员从事什么职业? 父母的婚姻生活如何?

从这些问题中,我们可以得出孩子是否对未来有勇气和信心的结论。

9. 他最喜欢的运动、故事、历史人物和文学形象是什么? 是否喜欢对别人的游戏捣乱? 是否爱冷静的思考? 是否爱作白日梦?

这些问题涉及他在生活中扮演英雄角色的可能倾向。相反则可认为是缺乏勇气。

10. 孩子的早期记忆是什么？是否印象深刻地做一些诸如飞行、坠落、无力和赶不上火车的梦，或是周期性地做这些梦？是否做一些焦虑性的梦？

由此，我们经常可以发现他是否有孤立封闭的倾向，是否被警示要小心，是否雄心勃勃，是否偏爱特定的人或乡村生活，等等。

11. 孩子在哪些方面丧失了信心？他认为自己被忽视了吗？他是否积极应对别人对他的注意和赞扬？是否有迷信的观念？是否回避困难？是否尝试过多种事情但最终都有始无终？他对未来是否确定？是否相信天赋和遗传的不良影响？周围的一切都令他灰心丧气吗？他对生活的看法是否悲观？

对这些问题的回答可以帮助我们确定，孩子是否丧失了自信心，是否走上了一条错误之途。

12. 是否爱耍花招，是否有其他的坏习惯如做鬼脸、装傻、耍孩子气和出洋相等？

在这些方面，孩子为了引人关注，会表现出些微的勇气。

13. 他是否有言语缺陷？是否相貌丑陋？是否有畸形足？是否膝盖内扣或罗圈腿？是否身材矮小？是否特别肥胖或高挑？是否比例不协调？眼睛或耳朵是否异常？是否智力迟钝？是否左撇子？是否夜间打呼噜？是否特别美丽？

这些不足和缺陷通常都被孩子夸大了，并由此而丧失勇气。那些非常漂亮的孩子经常也会出现成长问题，因为他们认为他们无须努力，就能获得一切。这样的孩子会错失无数为生活做准备的机会。

14. 他是否经常谈到自己缺乏能力，谈到自己对学业、工作和生活"缺乏天赋"？是否怀有自杀的念头？他的失败和制造麻烦之间是否存在时间上的联系？是否过于看重外在的成功？是卑躬屈膝、执拗顽固还是桀骜反叛？

这些表明他极度的气馁，这在孩子徒劳地消除自己的问题之后表现尤为明显。他的失败部分是由于他努力的无效，部分是由于他对与他交往的人缺乏了解。不过，他也总要满足自己对优越感的追求，因而便转向做那些轻松容易的事情。

15. 找出孩子取得成功的事例。

这些积极表现会给我们重要的启示。因为孩子表现成功之中的兴趣、性向和准备性很可能指向另一种方向，这种方向和孩子至今所走的方向有所不同。

上面这些问题不宜以一种固定的或程式化的顺序来提出，而是建设性地和借助谈话来提出。从上面所有问题中，我们可以正确地理解和把握孩子的个性。我们将会发现，错误不是被辩护与合理化了，而是变得可以认识和可以理解了。我们应该耐心友善而不是威胁性地向孩子解释他们在问卷中暴露出来的错误。

附录2 五个孩子的案例及其评论

案例一

这是一个15岁的男孩,是独生子。他的父母工作努力,家庭也算是小康之家。父母对待孩子细致体贴,以确保他身体健康。因此,孩子的早年生活是快乐而健康的。他的妈妈心地善良,比较容易哭泣。她叙述起自己孩子的事情来断断续续,很是费力。我们不了解孩子的爸爸。他的妈妈说他是一个诚实、自信且精力充沛的人,也热爱家庭。孩子很小的时候,一旦不听话,他爸爸就会说:"如果我不扑灭他的意志,将来他就会变本加厉。"所谓扑灭他的意志并不是谆谆教诲,而是一旦孩子做错什么事,他就鞭打孩子。这样,孩子很小的时候就有反抗意识,他的反抗意识表现在他想成为家里的主人,我们经常会在被宠坏的独生子中发现这种想成为家里支配者的欲望。这孩子很小的时候就表现出一种强烈的不服从倾向,并形成了拒绝顺从的习惯。只要父亲不动手鞭打他,他就不会顺从。

我们这里停了一下,看看孩子最鲜明的性格特征是什么。这就是撒谎。他靠撒谎来逃避父亲的责打。这的确也是他妈妈对他主要的抱怨。现在,孩子已经 15 岁了,可他的父母从来不能确定孩子是在说实话,还是在撒谎。我们还进一步了解到,孩子曾在一所教会学校学习过一段时间,那里的教师也抱怨孩子不服管教,扰乱课堂。例如,老师没有提问到他,他却高声回答;老师上课期间,他会突然提问,打断老师;上课期间,大声和同学说话。他做作业时字迹极为潦草、难认。他还是个左撇子。他的行为最终超越了所有界限。他越是害怕父亲惩罚,就越是撒谎。他的父亲先是决定让他继续留在学校学习,但后来却不得不把他领回家,因为他的教师认为他已经不可救药。

　　这孩子很活跃,智力也正常。他念完公立学校,要参加中学入学考试。考试后,他告诉一直等他的妈妈说自己通过了考试。家人很高兴,夏天还去乡村度假。孩子经常谈及中学的事情。后来学校开学了。孩子每天背着书包上学,中午回来吃午饭。不过,有一天中午,他妈妈陪他走了一段上学的路,她听到有个人说,"那不是早晨给我带路去火车站的孩子吗?"她就问孩子那个人说话是什么意思,是否他上午没有上学。这孩子回答说,上午学校是 10 点放学,那个人问他去火车站的路,他便带他去了。他的妈妈并不相信他的解释,将此事告诉了他爸爸。他爸爸决定第二天陪他去一次学校。在一起去学校的路上,他爸爸不断地询问,后来发现孩子并没有通过入学考试,自然也就从来没有上过学,不过一直是在街上闲逛而已。

　　家里为他请了家庭教师教他,孩子最终也通过了入学考试。不过,他的行为并无丝毫改善。他仍旧扰乱课堂,并开始小偷小摸。他偷了妈妈的钱,却矢口否认,直到家人威胁送他去警察局,才坦白承认。这个案例接下来则变成了一出忽视孩子教育的悲剧。这个曾经骄傲地认为自己可以扑灭孩子意志的爸爸，现在则放弃一切对孩子的希望。孩子得到的惩罚则是：家人不再理他，不和他说话，也不关注他。他的父母也声称以后不再揍他。

在回答孩子什么时候开始出现问题时，妈妈说，"从出生开始。"他妈妈实际的意思是，既然父母想尽一切办法都没有把孩子教育好，那么孩子的不良行为肯定就是天生的。

他在婴儿的时候，就特别的不安分，日夜嚎哭，而所有的医生认为孩子非常正常，非常健康。

这并不像看上去那么简单。婴儿哭泣本身并无值得关注之处。孩子哭泣的原因则是多种多样。此案例中的男孩是独生子，他母亲也没有养育方面的经验。孩子哭泣，通常是因为他尿湿了，他妈妈则并未意识到这一点，而是跑过去把他抱起来，轻轻摇摇，给他东西吃。她本应该找出孩子哭泣的真正原因，换一下尿布，让他感到舒适，就不用再管他了。这样，孩子就会停止哭泣，也不会像现在这样给他留下不良影响。

他妈妈说这孩子在正常的时间内毫无困难地学会了说话和走路，牙齿也发育正常。孩子有毁坏玩具的习惯。这并不必然表示孩子性格不好。值得注意的是，妈妈说，"孩子无法单独玩耍，一分钟也不行"。那么，妈妈究竟如何训练孩子单独玩耍呢？唯一的方法就是让他单独玩。要让孩子在没有成人的不断干预下学会独处。我们怀疑这个母亲没有这么做过，她的一些话也证明了这点。例如，孩子总是让她忙个不停，总是依恋着她，等等。这是孩子最初渴望得到母亲的宠爱，也是他心灵最早的印迹。

我们从来没有让孩子单独呆着。

他妈妈这么说,显然是在作自我辩护。

他从未一个人单独呆着,直到今天,他也不愿独处哪怕一个小时。夜间也从未独处过。

这也证明孩子对她是多么的依恋,多么的依赖。

他从不害怕什么,也不知道害怕为何物。

这似乎与心理常识矛盾,与我们的心理发现不符。进一步考察,我们就会发现,这孩子从未独处过,因此,也就没有必要害怕,因为对这种孩子来说,害怕就是迫使他人和他在一起的手段。这样,他就没有必要恐惧,害怕就是孩子一旦独处而表现出来的一种情绪。下面是另一个看起来有点矛盾的陈述。

他特别害怕他爸爸的鞭子。这样看来,他的确也有害怕的时候。不过,一旦鞭打结束,他就很快忘记了,重又快活起来,即使有时他被责打的很严重。

我们这里看见一种不幸的对比:妈妈处处迁就孩子;爸爸则非常严厉,试图校正妈妈的软弱温柔。爸爸严厉苛刻却越来越把孩子赶向妈妈一边。这就是说,孩子会转向宠爱和纵容他的人,转向那个可以不费气力而获得一切的人。

孩子6岁在教会学校的时候,他受到教士的监护。这时已经有人开始抱怨这孩子的好动、不安分和注意力不集中。这些抱怨更多指向孩子的行为,而不是他的学业。其中最为显著的就是他的不安分。如果孩子想获取关注,那么有什么比不安分更好的办法呢?这孩子想被关注。他已养成了获得妈妈关注的习惯。现在,他进入更大的圈子——学校,他也想获得新成员的关注。教师不理解孩子的真实目的，只是把孩子挑出来批评和惩戒一通，希望以此来矫正他的行为，成为他所期望的人。孩子不得不为这样寻求关注而付出代价，不过，他已经习惯了。他在家里受到爸爸严厉的责打，读书期间同样如此，可他依然故我。那么，我们怎么又能期望学校所允许的温和惩罚能改变孩子呢？这种可能性不大。当孩子屈身回到学校学习时，他自然希望成为关注的中心，以此作为一种补偿。

他父母向孩子指出，为了班级每个人的利益，他必须在课堂保持安静，试图以此来改善孩子的行为。当听到这种陈词滥调时，我们不禁怀疑这对父母是否拥有健全的常识。其实，孩子和成人一样根本就知道什么是对的，什么是错的。不过，孩子却忙于其他的事情哩！他想获得关注，但保持安静是不能获得这种关注的，而通过努力工作来获得关注则又并不容易。一旦意识到他为自己设定的这种目标，我们就解开了他行为的谜团。显然，他爸爸的鞭打只能使他安静一会儿。不过，他的妈妈说，一旦他爸爸离开，孩子就故态复萌。他认为，鞭打和惩罚只是短暂地中断了他的追求，但绝对不会获得持久的效果。

他总是控制不了自己的脾气。

对那些想要获取别人关注的孩子来说，发脾气显然也是一种方法。我们知道，人们经常把发脾气称为达到目的的一种方便手段，也是为这个目的所决定的一种情绪。例如，安静地坐在沙发上的孩子不需要发脾气。只有那些想引人关注的孩子例如本案例中的孩子，才会明显地表现出发脾气这种情绪。

他习惯了把家里的各种东西带到学校换钱，然后和一帮朋友挥霍、娱乐。他的父母发现这种情况之后，每天在他上学前都要对他进行搜身。他最终放弃了这种行为，但马上又沉溺于恶作剧和上课捣乱。若不是他父亲的严厉惩罚，他很难改掉拿家里东西换钱的习惯。

我们可以理解他为什么要恶作剧，这也可归因于他想出风头的欲望，因为这会招致老师的惩罚，从而显示自己能够挑战学校规定。

他的捣乱行为后来慢慢减少，不过，仍会周期性发作，一如故往，最终被学校开除了。

这也证实了我们之前所说的观点。这个孩子想奋力获得他人的认可，自然会遇到很多障碍，他自己也意识到了这一点。此外，如果考虑到他还是个左撇子，我们会对他有更多的认识。我们可以想见，即使他想避免困难，却也总是躲不过去，也缺乏克服困难的信心。但是，他越是缺乏信心，越是想证明自己值得关注。他无法停止恶作剧，直到校方再也容忍不了，把他开除。如果校方的目的是不允许一个捣乱者干扰其他孩子的学习，那么，校方别无选择，只能开除他，就有其合理性。不过，如果我们认为教育的目的是矫正孩子的缺点，那么开除就不是可取之道了。孩子既然很容易获得母亲的认可，也就无须在学校用功了。

需要指出的是，在一个教师的建议下，这孩子在假期被送到一个儿童矫治之家进行治疗，那里的管理比学校更为严格，不过仍未起到什么作用。他的父母仍然是孩子的主要监护人。孩子每周日回家，他对此很高兴。不过，即使儿童矫治之家不允许他回去，他也并不沮丧。这很容易理解。他想表现出像个英雄，也希望别人把他看作是英雄。他并不十分介意被鞭打,不管事情多么令他难以忍受,他总是抑制自己不哭,也不想有失男子汉气概。

他的学习成绩并不很差,因为家里总有家庭教师教他。

由此可以看出,他没有独立性。老师说,这孩子若是能静下来学习,成绩会更好一些。我们相信这孩子能搞好学习,因为除了弱智,任何孩子都可以搞好学习。

他没有绘画的天赋。

这很重要,因为从这个陈述中我们可以看出,他并没有完全克服自己右手的笨拙。

他体操很好;他很快学会了游泳,并且不惧危险。

这表明他并未完全丧失勇气,只不过把自己的勇气用在了其他不重要的事情上了,因为这些事情对他来说,比较容易,而且肯定能成功。

他从不知道害羞,总把自己的想法告诉每个人,不管对方是学校的门卫,还是学校的校长,尽管他多次被告诫不要如此鲁莽、唐突说话。

我们知道,他从不在乎别人禁止他做这、做那,因此,我们不能把他这种不知害羞视为一种勇气的表现。我们知道,很多孩子都能很好地意识到教师、学校管理者和他们之间的距离。这个孩子不惮被他父亲鞭打,自然也就不会害怕校长,为了显示自己的重要性,他会冒昧和放肆地说话,并常常用这种方式来达到自己的目的。

他对自己的男性性别并无明确认识,不过,他经常说,他不喜欢成为女孩。

这并没有明确表明他对自己性别的看法,不过,像他这种性格不良的孩子一般会倾向于轻视女孩,并从这种轻视中获得一种男性的优越感。

他没有真正的朋友。

这很容易理解,因为其他孩子也并不总是愿意被别人领导。

他父母至今还没有向他解释性方面的事情。他的行为总是表现出一种统治欲。

他对我们颇费气力收集的、有关他自己的事实十分清楚。这就是说,他对于自己想要什么十分清楚。不过,毫无疑问,他并不理解自己这种无意识的目标和其行为之间的联系。他也不理解自己强烈统治欲的范围和根源。他想统治别人,这是因为他看到了父亲对家庭的统治。他越是想统治别人,就越是虚弱,因为他不得不因此而依赖别人。而他所模仿的榜样——他的父亲却是比较自我克制地进行统治。换句话说,孩子的胆怯虚弱滋养着他的雄心勃勃。

他总是惹是生非,甚至对于那些比他强的人,也是这样。

不过,越是强者,就越好对付,因为他们很看重自己的责任。而这孩子唐突无礼时,却只顾及自己。顺便指出,这种唐突无礼很难根除,因为他不相信自己可以学会什么,因此,便只好以唐突无礼的行为来掩饰自己缺乏信心。

他并不自私,而是慷慨施与。

如果认为这是一个善行的标志,我们就会发现这和他性格的其他方面并不一致。我们知道,有人会利用表现慷慨来显示优越感。重要的是要看到这种性格特征是如何与权力欲联系在一起的。这孩子把慷慨视为一种个人价值的提升。他有可能是从他爸爸那儿学会了通过慷慨来自我炫耀。

他仍是不断制造麻烦。他最怕自己的父亲,其次是他的母亲。他随时准备起床,也并不特别虚荣。

最后一句话只是关于外在虚荣,因为他内在的虚荣心异常强烈。

他改掉了挖鼻孔的旧习惯。他非常固执,对食物很挑剔,不喜欢吃蔬菜和脂肪。他并不是完全不喜欢交友,不过,他喜欢和自己可以支配的人交往。他也非常喜欢动物和花草。

喜欢动物的背后总是一种对优越感的追求,一种统治欲。这种喜好当然不是坏事,它可以使人与地球万物成为一体。不过,就本案的孩子来说,这种喜好就表现了一种统治欲,即他总是想尽办法让母亲为他操心。

他表现出极大的领导欲,当然并不是一种智力上的领导欲。他喜欢搜集物品,但并没有充分的耐心。每种收藏都有始无终。

这种人的悲剧在于,他们总是虎头蛇尾,有始无终。因为有结果,就需要承担责任,而他则怕承担责任。

10岁以后,孩子的行为整体上有所改善。因为他过去总想到街头逞强好胜,因而不可能把他关在家里。经过艰苦努力,才使他的行为有所改进。

把他限制在家庭狭小的空间里,实际上是满足其强烈的自我肯定欲望的最好手段。因为毫不奇怪的是,他会在家庭这个狭小的天地里制造更多的麻烦。若有恰当监护,应该让他去街头玩耍。

他一回家就做作业,并未表现出想离开家里,不过,他总能找到浪费时间的方法。

当我们把孩子限制在狭小空间,并监督他学习的时候,我们总会发现孩子在分心和浪费时间。必须给孩子活动空间,让他和其他孩子一起玩耍,并在小伙伴中起着一定的作用。

他过去很喜欢上学。

这表明那里的教师对他并不严厉,因而他也很容易扮演英雄角色。

他过去总是丢书。他并不害怕考试,他总是相信他能把一切事情做好。

这是一种相当普遍的性格特征。实际上,一个人在任何情况下都持乐观主义态度,表明他并不自信。这种人当然是悲观主义者,不过,他们总是想方设法违反生活逻辑,陶醉在自己什么事情都能做到的梦幻之中;即使他们遭受失败了,他们也会表现出惊奇。他们为一种宿命感所攫取,因而总是表现出一种乐观主义精神。

他无法集中精神。一些教师喜欢他,而另一些教师厌恶他。

那些欣赏他的风格的温和的教师喜欢他。他很少制造麻烦,因为老师没有对他提出过高要求,他可以比较容易获得关注。像绝大多数被宠坏的孩子一样,他既不愿集中精神,也没有这个习惯。直到6岁之前,他也没有感到有这个必要,因为妈妈会为他操持一切。每件事情都被预先安排好了,他就像被关在笼子里一样。一旦面临困难,他就会感到缺乏准备。他从未习得过面对和解决问题的方法,他对他人不感兴趣,因而也不能与人合作。他缺乏独立完成事情所必需的愿望和自信。他所拥有的就是出风头的欲望,一种不费气力就能出人头地的欲望。不过,他没能扰乱学校的安宁,因而也没能引起别人关注,这就更加剧了他的不良行为。

他对任何事情都掉以轻心,以最轻松的方式和最少的努力去做任何事情,从不顾及任何其他人。这已经成为他生活的主旋律,这种主旋律表现在他所有的具体行为之中,例如偷窃和说谎。

他生活风格中的错误是显而易见的。他的妈妈肯定只是部分地刺激了他的社会情感的发展。不过,不论是他温和的妈妈还是他严厉的爸爸,都没能够为他的社会情感的进一步发展指明和确定方向。这种社会情感只被局限在他妈妈的世界之中,在这种世界里,他感到自己是关注的中心。

因此,他对优越感的追求没有能够指向对社会有用的方面,而是指向了自己的虚荣心。为了把他引向对社会生活有用的方面,我们必须重新塑造他的性格发展,重塑他的信心,这样,他才乐于倾听我们的意见。同时,我们必须扩展他的社会关系的范围,由此来弥补他妈妈的忽视。他还要和他妈妈达成和解。他的教育要逐步推进,直到他能够像我们一样地理解他过去生活风格中的错误。既然他的兴趣不再集中在一个人身上,他的独立性和勇气就会随之增强,他也就会把自己对优越感的追求转向对社会有用的方面。

案例二

这是一个 10 岁小男孩的案例。

学校抱怨,这孩子的成绩很差,已落后同年龄学生 3 个学期。

10 岁小孩落后 3 个学期,我们简直要怀疑他是否弱智。

他现在就读 3 年级,IQ 是 101。

　　显然,他不是弱智。那么什么原因使他学习落后呢? 他为什么要扰乱课堂? 我们看到,他追求优越感,也有一定的行动兴趣,但他的追求和兴趣全都指向了对社会生活无用的方面。他想富有创造性,积极主动,也想成为关注的中心,但他追求的方式却是错误的。我们也看到,他和学校对抗、战斗。他是一个好斗者,是学校的敌人。因此,我们能够理解为什么他成绩落后,因为学校常规生活对于他这样一个好斗者来说,是难以忍受的。

　　他不愿服从命令和纪律。

　　这很显然。他行为之中自有他明智之处。也就是说,他的不明智行为自有他的一套方法。如果他是个好斗者,那么他自然会抗拒别人的命令。

　　他和其他孩子打架;他把自己的玩具带到学校去。

　　他是想制造一个自己的学校。

　　他口算不佳。

　　这意味着他缺乏社会意识以及与之相配的社会逻辑(参见第7章)。

　　他有语言缺陷,每周参加一次语言训练班。

　　这种语言缺陷并不是器官缺陷造成的。这是一种缺乏社会合作的症状,他的语言障碍显示了这一点。语言体现了一种合作态度,一种个体不得不与其他人联系的合作态度。这个男孩就是利用这种语言缺陷作为他好斗性的武器。他并不寻求治疗他的语言缺陷,对此我们不用惊奇,因为治好语言缺陷就意味着放弃这个引人关注的工具。

　　当老师和他说话时,他的身体就左摇右晃。

他似乎是在准备战斗。他并不喜欢教师和他说话，因为这样一来他就不是关注的中心了。如果教师对他说话，而他只能去听，那么教师就成了征服者。

他的母亲（确切说是继母。他尚在襁褓之中，妈妈就去世了）抱怨说，小孩有点神经质。

这个意味深长的神经质掩盖了孩子众多的不良行为。

他是由两个祖母带大的。

一个祖母就已经够糟糕了，何况两个——我们知道，祖母通常都会以一种可怕的方式溺爱孩子。她们这么做的原因值得深思。这是我们文化的缺陷，即年老女人没有自己的社会位置。她们反抗社会这样对待她们，希望能被合理对待，在这一点上她们非常正确。她们想证明自己存在的重要性，于是便通过溺爱孩子并使孩子依恋她们，来证明自己的存在价值。她们就用这种方式来肯定自己作为一个人而被认可的权利。

我们可以想象，在这两个祖母之间，会有一种可怕的竞争。每个人都想证明孩子更喜欢她。当然，在这种竞争下，孩子最为得益，他会发现自己处于天堂之中，想什么就可以得到什么。孩子只需说，"一个祖母曾给了我这个，"那么，另一个祖母就试图压倒竞争对手，而给予更多。在家里，孩子是关注的焦点，我们可以看出孩子如何把这种关注变成他的目标。现在，他去了学校，那里没有两个祖母，而只有一个老师和许多孩子。他想成为关注焦点的唯一办法就是好斗和反抗。

他和祖母生活在一起的时候，他的成绩并不好。

学校并不适合他。他对学校也准备不足。学校是对他的合作能力的一种测试,他过去也没有获得这方面的训练。妈妈是最能发展孩子这种合作能力的人。

他爸爸一年半前再婚了,这孩子于是就跟他爸爸和继母一起生活。

毫无疑问,这是一个问题情境。若有继母或继父进入孩子的生活,问题就产生了,或者说问题就增加了。对孩子的成长和教育来说,继父母问题是一个传统问题,至今也未见改进;特别是孩子尤为遭受这个问题的影响。即使是最好的继父母也会遇到问题。这不是说继父母的问题没法解决,而是说,它只能以特定的方式解决。继父母不应该期望把孩子的感激视为自己应得的权利,而是应该尽最大努力去赢得这种感激。由于这两位祖母把这个情境搞复杂了,继母和孩子的问题便增加了。

继母开始进入这个家庭时,也曾试图向这个孩子示爱。为了赢得这个孩子的欢心,她做了一切她应该做的。孩子的哥哥也是一个麻烦制造者。

家里还有一个好斗者。我们可以想象,这两个孩子之间的竞争只会加剧他们的争斗欲望。

这孩子害怕并且服从父亲,但并不服从母亲。因此,母亲常常向父亲求助。

这实际上是在承认,妈妈无法教育这个孩子,因此便把教育的责任转移给了爸爸。当妈妈总是向爸爸汇报孩子做什么和不做什么时,当她威胁孩子说"我将告诉你爸爸"时,孩子认识到,她没有能力管理和教育他们,便放弃了这个任务。于是,孩子便寻找机会对她颐指气使。这个妈妈如此说话和行事,也表现了她的一种自卑情结。

如果孩子答应听话,妈妈就带他去商店,给他买东西。

这个妈妈的处境也很艰难。为什么?因为她总是生活在祖母的阴影下,因为孩子总是认为祖母更为重要。

祖母只是偶尔来看他。

一个偶尔造访数小时的人很容易打乱孩子的教育,并把所有的麻烦和问题留给了妈妈。

似乎家里不再有人喜欢这个孩子了。

他们似乎都不喜欢这个孩子了。甚至曾经纵容溺爱他的祖母,现在也不喜欢他了。

爸爸会鞭打这个孩子。

鞭打并没有用。孩子喜欢赞扬,如果他被赞扬,他会高兴满足。不过,他不知道如何通过正确的行为获得赞扬。他喜欢不经努力就能获得老师的赞扬。

如果他获得赞扬,他会把事情做得更好。

所有想成为关注焦点的孩子自然都是这样。

老师不喜欢他,因为他总是郁郁寡欢。

这是他所能采用的最好手段。因为他是个好斗的孩子。

孩子尿床。

这也表明孩子想成为关注的焦点。不过,他是以间接的方式来争取这种关注的。他如何间接地来争取妈妈的关注呢?通过尿床和让他妈妈半夜起来;通过夜间尖叫,通过在床上阅读而不睡觉;通过早上不起床;通过不良的进食习惯。总之,不论白天还是夜间,他总有方法让他妈妈为他操心。尿床和语言缺陷就是他所使用的两种武器。

妈妈夜间要唤醒他好几次，他才改掉尿床的习惯。

妈妈夜里要数次起来叫醒他，关注他。这样，他就达到了他被关注的目的。

其他孩子不喜欢他，因为他总想支配他们。而一些弱小孩子则试图模仿他。

这孩子是一个脆弱、没有自信的人，从不想以勇敢的方式生活。那些弱小的孩子之所以想模仿他，是因为这实际上也是这些孩子获得关注的最佳之道。

另一方面，他并非真的不被人喜欢，"当他的作业被选为全班最好时，有些孩子也乐于认为他已有所进步"。

当他有所进步时，其他的孩子会感到高兴。这也体现了教师教育得法，知道如何在孩子中间培养合作精神。

这孩子喜欢在街头和其他孩子踢球。

当他有把握成功和征服别人时，他喜欢与人联系。

我们和妈妈一起讨论这个孩子。我们向她解释，她与孩子和祖母处于一种非常困难的境地。孩子非常嫉妒他的哥哥，总是担心比不上他。在我们的谈话中，这孩子总是一言不发，虽然我们告诉他我们诊所的所有人都是他的朋友。说话对这孩子来说，意味着合作。他只想战斗，不想说话。这是因为他缺乏社会意识，他拒绝矫治自己的语言缺陷也是出于同样的道理。

这也许有点令人惊异。事实上，我们甚至在有些成人身上也经常发现这种情形：用一言不发来表示对抗。曾有对夫妻发生激烈争吵。丈夫向他妻子大声吼道，"看看你，看看你，现在没话了。"

妻子回答说，"我不是没话，而是不想说。"

案例中的这个男孩也是这种情况："只是不想说话"。当谈话结束时，孩子被告诉可以走了，但他却似乎不想走。他的敌意被激发起来了。我们告诉他讨论结束了，他仍不想离去。我们要求他下周和他爸爸一起来。

同时，我们对他说："你一言不发，做得非常对，因为你总是做与别人要求相反的事情。如果别人叫你说话，你就沉默；如果叫你上课安静，你就大声讲话，来扰乱课堂秩序。你认为只有这样才算是一个英雄。如果我们要求你'不要说话'，那么你就会滔滔不绝。我们只需向你提出与我们希望相反的请求，就能引你就范。"

孩子显然被激起了说话的欲望，因为他觉得有必要回答这些问题。这样，他就通过言语交谈与我们合作。后来，我们才向他解释他的情况，并使他认识到并相信自己的错误之处。于是，他慢慢有所改进。

这时，我们必须记住，只要孩子还在老环境里，他就没有改变的动力。他的妈妈、爸爸、祖母、老师和伙伴对他的态度已经固化了。他对他们的态度也是固定的。不过，当他来诊所时，面临的却是全新的情境。我们也尽量为他营造一个新的环境——实际上是一个全新的环境。这样他就能更好地暴露他在老环境中形成的性格特征。在这种情况下，一个聪明的做法就是告诉这个男孩，"你不能说话"，这个男孩就会说，"我偏要说话"。按照这种方法，男孩不会感到有人和他直接谈话，因而也不会警惕和抑制自己不想说话的心理。

在诊所，孩子通常面临很多听众，这给他们留下很深的印象。

这是一个全新的环境,给他们的印象是,他们不仅不再被束缚于以前狭小的空间,而且其他人还对他们感兴趣,因而感到自己是这个大环境的一个部分。他们甚至还想突出和表现自己,特别是他们被要求下次还来的时候。他们知道将要发生什么——人们将要向他们问问题,询问他们情况怎样,等等。有些人一周来一次,有些人每天都来,视具体情况而定。在这里,人们训练他们对老师的行为。他们知道,在这里没有人批评、责骂和指责他们,所有的事情都被公开地讨论和评价。如果一对夫妇正在争吵,这时如果有人打开窗户,争吵就会停止。因为当窗户打开时,争吵就有可能被人听到,而人们通常都不想给人一种印象:他们性格有问题。这是前进的第一步。当孩子来到我们诊所接受咨询时,他们就迈出了这前进的一步。

案例三

本案例的孩子 13 岁半,是家中长子。

孩子 11 岁的时候,IQ 是 140。

可以说,他是一个聪明的孩子。

自从进入高中第二学期以来,他几乎没有取得进步。

根据我们的经验,如果一个孩子认为自己聪明,他就很可能会希望无须努力就可以获得一切,其结果就是"聪明反被聪明误",孩子常常无所进步。例如,我们发现,这些孩子在青春期常得自己要比实际年龄更成熟。他们想证明自己不再是孩子了。他们越是想这样去证明自己,就越会遇到更多的困难。于是,他们开始怀疑自己是否像他们所认为的那样聪明。我们建议,不要告诉孩子他很聪明,或他的智商是 140。孩子智商高低,绝不能让他们自己知道,也不能让家长知道。因为这就是一个聪明孩子后来却屡遭失败的原因之一。告诉他们智商是非常危险的。一个野心勃勃却没有把握通过正确的方法来获得成功的孩子,会去寻求一种错误的成功之道。这些错误之道包括患神经病,自杀,犯罪,懒惰,或消磨时光。孩子会找出无数的理由,来为自己无效的成功之道作辩解。

孩子最喜欢的科目是科学。只喜欢与比自己年龄小的孩子交往。

我们知道,孩子和比他年小者交往的目的是使事情对他来说要更容易一些,也是为了显示优越感和想当年小者的领袖。如果他喜欢和比他年龄小的孩子交往,那么,我们就会怀疑他怀有这样的目的。当然,情况并不总是如此,孩子有时也是为了显示自己的父性而与较小的孩子交往。不过,这也有问题。因为孩子父性的表达会排斥他与比他年长孩子的交往。他会有意识地排斥与年长孩子交往。

他喜欢足球和垒球。

我们可以假设,他肯定擅长这两种体育项目。也许,我们会听说,他在某些方面很擅长,而对另一些方面则丝毫不感兴趣。这意味着,只有当他感到有把握获得成功的时候,他才会表现积极主动。一旦他没有成功的把握,他就会拒绝参与。这当然不是一种正确的行为方式。

他喜欢打牌。

这意味着他在浪费时间。

由于打牌,他便不会按时睡觉和做作业。

现在我们接触到对孩子的抱怨之真正所在，这些抱怨总是指向同一点：他没法取得学习进步，只是在浪费时间而已。

当他是婴儿的时候，发育缓慢。两岁以后发展迅速。

我们不知道他为什么两岁前发育缓慢。可能是因为他受到了溺爱，造成了他发展缓慢的结果。我们可以看到，被溺爱的孩子无须说话、走路或发挥身体机能，因为他们喜欢一切都为他们做得好好的，因而也就没有了发育的刺激。他后来发育迅速的唯一解释就是，这期间他获得了发育成长的刺激。正是这样强烈的刺激才使得他成为一个聪明的孩子。

他突出的性格特征就是诚实和固执。

仅仅知道他很诚实，这还不够。诚实自然是很好的品质，也确实是一个优点。不过，我们并不知道他是否在利用自己的诚实来批评和责备他人。诚实很可能是他自我吹嘘的资本。我们知道他喜欢做领袖和支配他人，因此，他的诚实便成了他优越感的一种表现。我们不能确信，如果处于不利环境下，他是否还继续诚实。至于他的固执，我们发现，他确实想走自己的路，喜欢与众不同，而不想仰人鼻息。

他欺负他的小弟弟。

这个陈述正是我们的判断。他想成为领袖，而弟弟不愿顺从，所以便欺负弟弟。这表现他并不非常诚实。而且，如果你真正了解他，你还会发现，他甚至可以说是个骗子。他是个自我吹嘘的人，并表现出一种优越感。不过，他所表现的实际上是一种优越情结。这种优越情结清晰地显示出，他内心实际上深受自卑感的折磨。由于其他人过高评价他，他便低估了自己。而又因为他低估了自己,所以不得不通过自我吹嘘来补偿。因此,过高赞扬孩子是不明智的,因为他会认为别人对他期望太高。如果他发现实现别人的期望并不十分容易,他就会开始害怕和担心,结果他就采取办法掩饰自己的弱点,例如欺负他的弟弟,等等。这就是他的生活风格。他感到自己不够强大、也不够自信独立而恰当解决他所面临的问题。因此,他便沉溺于打牌。当他打牌的时候,就没有人发现他的自卑,即使他的学业成绩不佳。父母会说,他成绩不佳是因为他总是打牌。这样就挽救了他的骄傲之心和虚荣之心。渐渐地,他也受到这个观点的影响:"是的,因为我喜欢打牌,所以我学习不好;如果我不打牌,我的学习会是最好。但是,我确实喜欢打牌。"这样,他便获得了满足,他自我安慰说,他能够成为最好的学生。只要这孩子不理解他自己心理的这种逻辑,他就会沉溺于自我安慰,把自己的自卑感隐藏起来,既不让别人知道,也不让自己知道。只要他坚持这么做,他就不会发生变化,获得进步。因此,我们必须以一种友善的方式向他解释他性格的根源,并且指出,他的实际行为就像一个感到自己不能胜任自己任务的人,他感到自己强大不过是为了隐藏自己的弱点和自卑感。我们应该通过友好的方式和不断的鼓励来做这一切。我们不应该总是赞扬他,赞扬他的智商高——这种不断的赞扬可能使他害怕自己不能永远取得成功。我们十分清楚,智商在孩子的后来生活中并不起很重要的作用。所有实验心理学家都指出,智商只不过揭示了测试当时的情况。生活是复杂的,并不是通过测试就能认识清楚。高智商并不能证明孩子真的能够解决生活中的所有问题。

　　孩子的真正问题在于他缺乏社会意识,在于他的自卑感。而这必须向他解释清楚。

案例四

本案例中的小孩 8 岁半,它向我们说明,孩子是如何被宠坏的。罪犯和神经病患者主要来自这一类型的儿童。我们时代需要解决的重要问题就是,停止溺爱孩子。这并不是说我们应该停止喜爱他们,而是说要停止溺爱和纵容他们。我们应该把他们视为朋友和平等者来对待。这个案例很有价值,因为它描述了被宠坏孩子的性格特征。

孩子当前的问题是,每一年级都要重读,他现在才 2 年级。

一个孩子在一年级时就要重读,我们可以怀疑他是否弱智。我们要在本案例的分析中记住这个可能性。另一方面,如果孩子开始学习很好,后来才出现问题,我们就可以排除他弱智的可能性。

他以婴儿方式说话。

他想被溺爱,因此便模仿婴儿。不过,这也意味着他心中有一个目的,因为他认为模仿婴儿能带来好处。他这种理性的盘算实际上排除了他弱智的可能性。他不喜欢学校生活,他对此也没有准备。他没有按照学校的规定和制度来发展,而是选择与环境对抗和敌对来表达他的追求。这种敌视态度的结果就是他每个年级都要重读。

他并不服从自己的哥哥,还和哥哥进行激烈争斗。

因此,我们可以看到,哥哥对他来说就是一个障碍。我们可以从这一点来推测他哥哥肯定是个好孩子。他和哥哥唯一的竞争手段就是做坏孩子。当然,他会在梦中想象,如果他还是个婴儿,他就能超过哥哥。

他22个月才学会走路。

他可能患过佝偻病。如果他到22个月才学会走路,也很有可能因为他总是被看护着和监护着。这22个月期间,他的妈妈与他形影不离。他越是不会走路,也越是刺激他妈妈更加看护他,更加溺爱他。

他学会说话较早。

现在,我们可以肯定他不是弱智。弱智通常表现为学习说话困难。

他说话总是像个婴儿。他爸爸很是温柔亲切。

他爸爸也很溺爱他。

他更喜欢妈妈。家里有两个孩子。他母亲说,长子很聪明。这两个孩子经常争斗。

这两个孩子相互竞争。大多数家庭都是这样,特别是家庭的头两个孩子之间更容易展开竞争。不过,任何两个在一起成长的孩子之间都会产生竞争。它源于这样一个事实,即当另一个孩子出生时,首先出生的孩子会感到被剥夺了王位,就像我们指出的那样(参见第8章),只有孩子具有良好的合作精神和能力,才能阻止这种恶性竞争的产生。

他算术很差。

受溺爱的孩子在学校的最大困难通常就是学不好算术,因为算术涉及社会逻辑,而这种社会逻辑是被溺爱的孩子所不曾拥有的。

他的大脑肯定有问题。

我们没有发现这个问题。就他自己的目的来说，他的行为非常合理和聪明。

他的妈妈和老师认为他手淫。

他可能手淫。不过，大多数孩子都手淫。

他母亲说，他眼睛有黑圈。

我们不能从他眼睛有黑圈就推论他有手淫，虽然人们一般都这么认为。

他吃东西非常讲究。

这表明他总想引起母亲关注，即使在吃饭方面。

他害怕黑暗。

这是被溺爱孩子的又一表现。

他妈妈说他有很多朋友。

我们认为，这些朋友都是些他能够支配的人。

他很喜爱音乐。

考察一下音乐人的外耳，会对我们有所启发。人们发现，音乐人的外耳曲线发育的更好。我们看了这个孩子之后发现，他有一双精致敏感的外耳。这种敏感性表现在喜爱和谐的声音。拥有这种敏感性的人更有能力接受音乐教育。

他喜欢唱歌，但患有耳疾。

这种人一般很难忍受我们生活中的噪音。他们中的有些人更容易患上耳疾。听觉器官的构造是遗传的，这就是为什么音乐天赋和耳疾代代相传。这孩子深受耳疾之苦，他家庭中有几个精通音乐的人才。

　　要矫治这个孩子,就必须尽力使他更加独立和自立。目前,他并不自立。他觉得有必要永远占有妈妈,永不离开她。他总是想得到妈妈的支持和操心,他妈妈自然也乐于给予。现在,我们要让他自由地去做他想做的一切,哪怕是犯点错误。因为只有这样他才能学会自立。他还要学会不要和他的哥哥争夺妈妈的爱和关心。这样他俩每个都感觉受到了偏爱,因而也就不用相互嫉妒了。

　　尤其必要的是,要让孩子勇敢地面对学校生活中的问题。想一想,如果他不继续上学,那么会出现什么情况。他一旦脱离学校,就会偏向生活中无用的一面。他也许先是逃学,然后干脆不去上学,离家出走,加入帮派。预防远胜于治疗;现在训练他适应学校生活比后来要去对付一个少年犯会更好。学校现在不过是一种重要的测试环境。孩子没有被训练去解决他所面临的问题,也缺乏解决问题的社会意识,这就是他为什么在学校遇到了困难。不过,学校应该给他新的勇气。当然,学校也有自己的问题:也许班级人数太多,也许教师对如何激发学生内心的勇气准备不足。这就是事情的悲剧。不过,如果这个孩子有幸遇到一个能够鼓励他、使他振作起来的老师,那么他就得救了。

案例五

　　本案例涉及的是一个 10 岁的女孩。

　　由于她在算术和拼写方面有困难,便被送到我们诊所接受指导和治疗。

　　算术对于被溺爱的孩子来说通常都是一门困难的学科。这并不是说被溺爱的孩子算术肯定不好。不过,根据我们的经验,情况的确常常如此。我们知道,左撇子通常都有拼写困难,因为他们习惯从右向左看,从右向左阅读。他们能够正确地阅读和书写,只不过方向相反而已。这一点通常并不为人所知。人们只知道他们不能阅读,也只简单地说他们不能正确地阅读和拼写。因此,我们认为,这个女孩可能是左撇子。也许她拼写有困难还有其他的原因。若在纽约,我们就必须考虑她可能是来自其他国家的移民,因而不熟悉英语。若是在欧洲,我们就不必考虑这个可能性。

她过去历史的重要之处:她的家庭在德国丧失了大部分财产。

我们不知道她何时从德国移民。这个女孩也许曾经有一段幸福时光,而现在这一切都结束了。新环境就像是一种测试,揭示出她是否受到与人合作的训练,是否具有社会意识,是否具有勇气,也会揭示出她是否能够承受贫穷的重负,换句话说,这也意味着她是否学会了在生活中与人合作。从她目前的情况来看,她与人合作的意识和能力是有所欠缺的。

她在德国时还是个好学生,8岁的时候离开德国。

这是两年以前的事。

她在美国学校里的情况并不好,因为她拼写有困难,而且这里的算术教学方式也与德国不同。

教师并不总能照顾到学生的这些问题。

母亲溺爱她,她也非常依恋母亲。她对父母亲的喜欢是一样的。

如果你问孩子"你最喜欢谁,母亲还是父亲?",他们一般会回答说"我都喜欢!"他们被教育作如此回答。有许多方法可以测试这种回答的真实性。一个较好的方法就是把孩子放在父母中间,我们和父母说话，这时孩子会转向她最喜欢的人。同样，当孩子走进父母的房间时，她会走向她最喜欢的人的身边。

她有一些同龄的女朋友，但并不很多。她最早的记忆是，她8岁在德国和父母住在乡下，那时她经常在草地上和小狗玩耍。她家那时还有一辆马车。

她仍然记得她曾经的富裕生活、草地、小狗和马车。这就像一个破败的富人，总是回首他曾经拥有的汽车、马匹、漂亮的房子和佣人，等等。我们可以理解，她对目前的状况感到并不满意。

她常常梦到圣诞节，梦到圣诞老人给她的礼物。

她在梦里所表达的愿望和现实中一样。她总想获得更多的东西，因为她感到自己被剥夺了很多，因为她想重新获得她过去所拥有的一切。

她常常依偎着母亲。

这是一种丧失勇气和在学校遭遇到困难的迹象，我们向她解释说，虽然她比其他孩子遭遇到了更多的困难，不过，她可以通过勤奋努力和勇气获得学习的进步。

她再来诊所时，是一个人来的，妈妈没有陪着。她的学习有所进步，在家里，她独自做自己的事情。

我们曾经建议她争取独立，不要依赖她母亲，要独立去做自己的事情。

她为她父亲做早餐。

这是培养合作感的一个迹象。

她认为她更有勇气了。她和我们谈话时似乎也更自在、从容了。

我们要求她回去把她母亲带来。

她母亲和她一道来了，这是她第一次来诊所。母亲一直工作很忙，之前脱不开身。她对我们说，这女孩是个养女，是在两岁时收养的。女孩不知道自己是养女。在她出生的头两年，她先后被转送了 6 处人家。

孩子的过去生活并不美好。她似乎在生命的头两年遭受很多苦难。因此，我们所面对的是一个曾遭人唾弃、忽视而后来又受到很好照顾的女孩。她很想紧紧抓住目前这种良好的处境，这是因为她对早年痛苦生活的无意识的印象。她对那两年的印象也许太深刻了。

当这位母亲领养女孩的时候，有人建议她要对孩子严格管教，因为女孩出自一个不好的家庭。

给出这个建议的人对于遗传说中毒太深。如果她对孩子严厉管教了，而孩子仍出现了问题，这人就会说，"你看，还是我对吧!"殊不知孩子成为问题儿童，也有他的一份责任。

孩子亲生母亲是个坏女人，这使得养母感到自己对于这个女孩责任重大，因为她并不是自己的孩子。养母有时还体罚孩子。

对女孩来说，现在的情况并不比以前好多少。养母对她的溺爱态度有时会突然中止，而代之以严厉惩罚。

养父溺爱这个孩子，满足她一切需求。如果她想要什么，她不是说"请求您了"或"谢谢"，而是说"你不是我妈妈"。

孩子要么知道事情的真相，要么是碰巧说了这么一句击中要害的话。曾有一个 20 岁的男青年认为他的妈妈不是自己亲生母亲，而他的养父母发誓说，这孩子肯定不知道真相。显然，这青年获得了这种感觉。孩子能从很细小的事情上得出结论。本案例中孩子的养母认为"孩子不可能知道她是收养的"。不过，孩子自己可能已经感受到这一点了。

不过，这女孩只对妈妈而不是爸爸说这样的话。

因为她没有机会攻击爸爸，因为爸爸满足了她一切的要求。

她妈妈不能理解孩子在新学校的行为变化。孩子现在成绩不佳，她便体罚孩子。

成绩不佳，已使可怜的孩子感到羞耻和自卑，回家又受到母亲的责罚。这太过分了。甚至成绩不佳和母亲责罚，其中之一就已经过分了。这一点值得教师深思。他们应该认识到，一旦他们给出不佳的成绩单，那么这就是孩子在家里得到更多惩罚的开始。明智的教师应该避免给予学生这样的成绩单。

这孩子说她有时会忘记控制自己，突然发脾气。她在学校情绪激动亢奋，扰乱课堂。她认为自己必须永远第一。

对于这种欲望，我们表示理解。因为她是家里唯一的孩子，并习惯了从爸爸那里获得她想要的一切。我们也很能理解她喜欢成为第一。我们知道，她过去拥有乡村的草地，等等，现在却感到被剥夺了过去的一切优势。因此，她现在更为强烈地追求优越感。不过，她没有找到正确的表达渠道，便忘乎所以，制造麻烦。

我们向她解释，她必须学会与人合作；她的激动亢奋是为了成为关注的焦点；她发脾气也是为了让每个人看着她。她妈妈向她发怒，为了对抗她妈妈，她便不努力学习。

她做梦的时候，圣诞老人给了她很多东西，但当她醒来的时候却发现自己一无所有。

她总想唤起一种曾经拥有一切而"醒来时却一无所有"的情绪。我们不要忽视这其中隐藏着的危险。如果我们在梦中唤起这种情绪，而醒来时却发现一无所有，那么，我们自然会感到失望。不过，梦中的情绪和醒来时的情绪是一致的。换句话说，梦中唤起的情绪的目的不是为了唤起一种坐拥一切的辉煌感，而恰恰是为了唤起一种失望感。她做梦的目的就是为了达到这个目的，即体验一种失望感。很多抑郁的人都做着类似的辉煌的梦，醒来时却发现一切与梦境相反。我们理解，这女孩为什么喜欢一种失望感。她自己前途一片黑暗，于是就想把一切归咎于自己的母亲。她感到自己一无所有，而她的母亲什么也不给她。"她还打我屁股；只有爸爸才满足我的要求。"

下面对这个案例作个总结。女孩总是追求一种失望感，从而把这种情绪归咎于自己的妈妈。她这是在和妈妈抗争。如果我们想停止这种抗争，我们就必须使她相信，她在家里、梦中和学校的行为都是基于完全相同的错误模式。她错误的生活风格主要是由于她来美国时间太短、因而不能熟练掌握英语造成的。我们要使她相信，这些困难本来很容易克服，而她却故意利用它们作为对付妈妈的武器。我们也必须说服妈妈停止责罚孩子，这样就不会给她一种抗争的借口。我们还必须让孩子认识到，"我之所以精神不集中、控制不住自己，并发脾气，就是因为我想给妈妈制造麻烦"。如果她认识到这点，那么她就会停止自己的不良行为。在她没有认识到自己在家里、学校和梦境之中的所有经验和印象的含义之前，要改变她的性格自然是绝无可能。

这样，我们就看到了什么是心理学。心理学就是试图了解一个人如何使用他自己的印象和经验。换句话说，心理学就是要尝试了解孩子用来行动和对刺激做出反应的感知图式，尝试了解他如何看待刺激、如何对刺激做出反应和如何运用它们来达到自己的目的。

图书在版编目(CIP)数据

儿童的人格教育/(奥)阿德勒(Adler, A.)著;
彭正梅,彭莉莉译.—2版.—上海:上海人民出版社,
2010
(世界教育名著译丛)
书名原文:The Education of Children
ISBN 978 - 7 - 208 - 09765 - 0

Ⅰ.①儿…　Ⅱ.①阿…②彭…③彭…　Ⅲ.①儿童心
理学:人格心理学　Ⅳ.①B844.1

中国版本图书馆 CIP 数据核字(2010)第 257435 号

责任编辑　任俊萍
封面装帧　纪　人
美术编辑　王晓阳

· 世界教育名著译丛 ·
儿童的人格教育
[奥]阿尔弗雷德·阿德勒　著

彭正梅　彭莉莉　译

出　　版　上海人 & 出版社
　　　　　(201101　上海市闵行区号景路 159 弄 C 座)
发　　行　上海人民出版社发行中心
印　　刷　上海商务联西印刷有限公司
开　　本　635×965　1/16
印　　张　13.5
插　　页　4
字　　数　132,000
版　　次　2011 年 1 月第 2 版
印　　次　2023 年 7 月第 13 次印刷
ISBN 978 - 7 - 208 - 09765 - 0/G · 1410
定　　价　42.00 元

Alfred Adler
The Education of Children
Chicago: Regnery, 1930